灰尘的旅行

高士其 / 著

U0222455

天 地 出 版 社 | TIANDI PRESS

图书在版编目（CIP）数据

灰尘的旅行 / 高士其著. -- 2版. -- 成都：天地
出版社，2025.2. -- （一起快乐读书吧）. -- ISBN
978-7-5455-8677-0

Ⅰ. Q939.1-49

中国国家版本馆CIP数据核字第2024VA1197号

HUICHEN DE LUXING

灰尘的旅行

出 品 人	杨　政
著　　者	高士其
责任编辑	赵丽丽
责任校对	马志侠
封面插图	创乐绘艺术工坊
内文插图	听天文化
封面设计	魔方格
内文排版	蚂蚁书坊
责任印制	刘　元

出版发行　天地出版社
　　　　　（成都市锦江区三色路238号　邮政编码：610023）
　　　　　（北京市方庄芳群园3区3号　邮政编码：100078）
网　　址　http://www.tiandiph.com
电子邮箱　tianditg@163.com
经　　销　新华文轩出版传媒股份有限公司

印　　刷　三河市兴国印务有限公司
版　　次　2025年2月第2版
印　　次　2025年2月第1次印刷
开　　本　787mm×1092mm 1/16
印　　张　14
字　　数　291千字
定　　价　32.00元
书　　号　ISBN 978-7-5455-8677-0

一起
快乐读书吧！

阅读

开启快乐生活

点亮智慧人生

阅读体系
任务驱动

　　阅读，是一个培养认读能力、理解能力、鉴赏能力、评价能力、运用能力、实践能力的综合性工程。为了切实帮助广大小读者提升阅读能力，我们精心打造了"任务驱动"阅读体系。"任务驱动"阅读体系包括预读任务、阅读导引和读后任务三部分，明确每一阶段的任务，让小读者阅读有目标、有方法、有收获。

预读任务

读前导学

认真阅读"读前导学"，带着导学的问题开启阅读之旅。

阅读规划

把握阅读要点，认真进行阅读打卡，按时完成所读内容。

读前导学

  本书精选了著名科普作家高士其的科学童话、科学小品和科学趣谈。全书以幽默的笔触，向我们揭开了科学神秘的面纱，带领我们轻松走入神奇的科学世界。细菌到底是什么？它们是怎么生活的？灰尘里面有什么？病毒又是什么？……你想知道这些问题的答案吗？下面我们就跟随这本书，开启一趟神奇的微生物世界之旅吧！

预读任务二
阅读规划

阅读点拨

1. 作品兼具科学性和通俗性。既如实反映事物的特征、本质和规律，又与日常生活相结合，便于读者理解和接受。

2. 作品知识性和趣味性融为一体。作者幽默风趣地介绍丰富深刻的知识，富有教育意义。语言浅显、风趣、诙谐，寓严肃的知识于轻松的笔触中。

3. 运用多种修辞手法和说明方法，使科学知识变得生动有趣，帮助读者更好地理解和记忆。大部分采用第一人称，有效拉近与读者的距离，阅读时注意文中运用的各种写作手法。

阅读打卡

第一站

《我的名称》——《土壤革命》

阅读开始时间： / 阅读结束时间：

第二站

《人生七期》——《凶手在哪儿》

阅读开始时间： / 阅读结束时间：

第三站

《细胞的不死精神》——《从历史的窗口看技术革命》

阅读开始时间： / 阅读结束时间：

第四站

《土壤世界》——《梦幻小说》

阅读开始时间： / 阅读结束时间：

目录

科学童话：菌儿自传

本篇以菌儿的口吻，通过自述的方式为读者介绍了关于细菌的情况，比如细菌的籍贯、种类以及如何进入人体等。作者高士其以幽默的笔调、科学的叙述为我们勾画出一个充满活力的细菌世界，使"细菌"这个在显微镜下显形的种族不再那么神秘而可怕，让我们更容易走进细菌的世界，去认识并了解它们。

我的名称

阅读提示

菌儿这个名字缘何而来？微小的他和人类之间有着不解之缘，虽然肉眼看不见他，用手摸不着他，但他可以让人类身患疾病而手足无措。菌儿究竟有多大？他属于动物还是植物？就让我们来一探究竟吧！

阅读笔记

这一篇文章，是我老老实实的自述，请一位曾直接和我见过几面的人笔录出来的。

我自己不会写字，写出来，就是蚂蚁也看不见。

我也不曾说话，就有一点儿声音，恐怕苍蝇也听不到。

那么，这位笔录的人，怎样接收我心里所要说的话呢？

那是暂时的一个秘密，恕我不公开吧。

闲话少讲，且说我为什么自称作"菌儿"。

我原想取名为微子，可惜中国的古人，已经用过了这名字，而且我嫌"子"字有点儿大人气，不如"儿"字谦卑。

自古，中国的皇帝都称为天子。这明明是要挟老天爷的声名架子，以号召群众，使小百姓们吓得不敢抬头。古来的圣贤名哲，又都好称为子，什么老子、庄子、孔子、孟子……真是"子"字未免太名贵了，太大模大样了，不如"儿"字来得小巧而逼真。

我的身躯，永远是那么幼小。人家由一粒"细胞"出身，能积成几千、几万、几万万。细胞变成一根青草、一把白菜、一株挂满绿叶的大树，或变成一条蚯蚓、一只蜜蜂、一只大狗、一头大牛，乃至于大象、大鲸，看得见，摸得着。我呢，也是由一粒细胞出身，虽然分得格外快、格外多，但只恨它们不争气、不团结，所以变来变去，总是那般一盘散沙似的，孤单单的，一颗一颗，又短又细又寒酸。惭愧惭愧，因此今日自命作"菌儿"。为"儿"的原因，是因为小。

至于"菌"字的来历，实在很复杂，很渺茫。屈原所作《离骚》中，有这么一句："杂申椒与菌桂兮，岂惟纫夫蕙茝。"这里的"菌"，是指一种香木。这位失意的屈先生，拿它来比喻贤者，以讽刺楚王。我的老祖宗，有没有那样清高，那样香气熏人，也无从查考。

不过，现代科学家都已承认，菌是生物中之一大类。菌族菌种，很多很杂，菌子菌孙，布满地球。你们人类所最熟识者，就是煮菜煮面所用的蘑菇香蕈❶之类，那些像小纸伞似的东西，黑圆圆的盖，硬短短的柄，实是我们菌族里的大汉。当心呀！勿因味美而忘毒，那大菌，有的很不好惹，会毒死你们贪吃的人呀。

至于我，我是菌族里最小最小、最轻最轻的一种。小得使你们的肉眼看得见灰尘的纷飞，看不见我们也夹在里面飘游。轻得我们好几十万挂在苍蝇脚下，它也不觉着重。真的，苍蝇的眼睛大小是我的 1000 倍，一粒灰尘还是我的 100 倍哩。

因此，自我的始祖，一直传到现在，在生物界中，混了这几千万年，没有人知道有我。大的生物，都没有看见过我，都不知道我的存在。

不知道也罢，我也乐得过着逍遥的生活，没有人来搅扰。天晓得，后来，偏有一位异想天开的人，把我发现了，我的秘密，就渐渐地泄露出来，从此多事了。

这消息一传到众人的耳朵里，大家都惊惶起来，觉得我比黑暗里的影子还可怕。然而始终没有和我对面会见过，仍然是莫名其妙，恐怖中，总带着半疑半信的态度。

"什么'微生虫'？没有这回事，自己受了风，所以肚子痛了。"

---

❶ 香蕈（xùn）：香菇。

"哪里有什么病虫？这都是心火上冲，所以头上脸上生出疖子❶、疔疮❷来了。"

"寄生虫就说有，也没有那么凑巧，就爬到人身上来，我看，你的病总是湿气太重的缘故。"

这是我亲耳听见过三位中医对三位病人所说的话。我在旁暗暗地好笑。

他们的传统观念，病不是风生，就是火起，不是火起，就是水涌上来的，而不知冥冥之中还有我在把持活动。

因为冥冥之中，他们看不见我，所以又疑云疑雨地叫道："有鬼，有鬼！有狐精，有妖怪！"

其实，哪里来的这些魔物，他们所指的，就是指我，而我却不是鬼，也不是狐精，也不是妖怪。我是真真正正、活活现现、明明白白的一种生物，一种最小最小的生物。

既是生物，为什么和人类结下这样深的大仇，天天害人生病，时时暗杀人命呢？

说起来也话长，真是我有冤难申，在这一篇自述里面，当然要分辩个明白，那是后文，暂搁不提。

因为一般人没有亲见过我，关于我的身世，都是出于道听途说，传闻失真，对于我未免胡乱地称呼。

虫，虫，虫——寄生虫，病虫，微生虫，都有一个字不对。我根本就不是动物的分支，当不起"虫"字这尊号。

称我为寄生物，为微生物，好吗？太笼统了。配得起这两个名称的，又不止我这一种。

唤我作病毒吗？太没有生气了。我虽小，仍是有生命的啊。

病菌，对不对？那只是我的罪名，病并不是我的职业，只算是我非常时的行动，真是对不起。

---

❶ 疖子（jiē zi）：皮肤病，由葡萄球菌或链状菌侵入毛囊内引起。症状是局部出现充血硬块，化脓，红肿，疼痛。

❷ 疔疮（dīng chuāng）：中医指发病迅速并有全身症状的小疮，坚硬而根深，形状像钉。

是了，是了，微菌是了，细菌是了。那固然是我的正名，却有点科学绅士气，不合乎大众的口头语，而且还有点儿西洋气，把姓名都颠倒了。

菌是我的姓。我是菌中的一族，菌是植物中的一类。

菌字，口之上有草，口之内有禾，十足地表现出植物中的植物。这是寄生植物的本色。

我是寄生植物中最小的儿子，所以自愿称作菌儿。以后你们如果有机缘和我见面，请不必大惊小怪，从容地和我打一个招呼，叫声菌儿好吧。

阅读思辨

❓1.本篇自述为什么自称为"菌儿"，而非"菌子"，他有什么特点？

❓2.菌儿究竟属于植物还是动物？

日积月累

❶ 我呢，也是由一粒细胞出身，虽然分得格外快、格外多，但只恨它们不争气、不团结，所以变来变去，总是那般一盘散沙似的，孤单单的，一颗一颗，又短又细又寒酸。

❷ 你们人类所最熟识者，就是煮菜煮面所用的蘑菇香蕈之类，那些像小纸伞似的东西，黑圆圆的盖，硬短短的柄，实是我们菌族里的大汉。

我的籍贯

阅读提示

与其说菌儿是流浪者，倒不如称他为地球通，它能飞入四千米的高空，也能潜入江河沼泽中，甚至人类的肠子也是他游玩的乐园。无所不能的菌儿却让人类为他的籍贯犯了难。那么菌儿的原籍到底是哪里呢？

我们姓菌的这一族，多少总不能和植物脱离关系吧。

植物是有地方性的。这也是因为气候的不齐。热带的树木，移植到寒带去，多活不成。你们一见了芭蕉、椰子之面，就知道是从南方来的。荔枝、龙眼的籍贯是广东与福建，谁也不能否认。

我菌儿却是地球通，不论是地球上哪一个角落，只要有一些水汽和有机物，我都能生存。

我本是一个流浪者。

像西方的吉卜赛民族，流荡成性，到处为家。

像东方的游牧部落，逐着水草而搬移。

又像犹太人，没有了国家，散居异地谋生，都能各个繁荣起来，世界上大富之家，不多是他们的子孙吗？

这些人的籍贯，都很含混。

我又是大地上的清道夫，替大自然清除腐物烂尸，全地球都是我工作的区域。

我随着空气的动荡而上升。有一回，我正在天空 4 000 米之上飘游，忽而遇见一位满面都是胡子的科学家，驾着氢气球上来追寻我的踪迹。

那时我身轻不能自主，被他收入一只玻璃瓶子里，带到他的实验室里去受罪了。

我又随着雨水的浸润而深入土中。但时时被大水冲洗，洗到江河湖沼里面去了。那里的水，我真嫌太淡，不够味儿，往往不能得一饱。

犹幸我还抱着一个很大的希望：希望娘姨大姐、贫苦妇人，把我连水挑上去淘米洗菜，洗碗洗锅；希望农夫工人、劳动大众，把我一口气喝尽了；希望由各种不同的途径，到人类的肚肠里去。

点拨

三个"希望"句式构成排比句，强调了菌儿想要到人类的肚肠中生活的意愿非常强烈。

> 人类的肚肠，是我的天堂，
>
> 在那儿，没有干焦冻饿的恐慌，
>
> 那儿只有吃不尽的食粮。

然而事情往往不如意料的美满，这也只好怪我自己太不识相了，不安分守己，饱暖之后，又肆意捣毁人家肚肠的墙壁，于是乱子就闹大了。那个人的肚子，觉着一阵阵的痛，就要吞服蓖麻油之类的泻药，或用灌肠的手法，不是油滑，便是稀散，使我立足不定，这么一泻，就泻出肛门之外了。

从此我又颠沛流离，如逃难的灾民一般，幸而不至于饿死，辗转又归到土壤了。

初回到土壤的时候，一时寻不到食物，就吸收一些空气里的氮气，以图暂饱。有时又把这些氮气化成硝酸盐，直接和豆科之类的植物换取别的营养料。有时遇到了鸟兽或人的尸身，那是我的大造化，够我几个月乃至几年享用了。

天晓得，20世纪以来，美国的生物学者渐渐注意到了伏于土壤中的我。有一次，被他们掘起来，拿去化验了。

我在化验室里听他们谈论我的来历。

有些人就说，土壤是我的家乡。

有的以为我是水国里的居民。

有的认为我是空气中的浪子。

又有的称我是他们肚子里的老主顾。

各依各人的实验所得而报告。

其实，不但人类的肚子是我的大菜馆，人身上哪一块不干净，哪一块有裂痕伤口，哪一块便是我的酒楼茶店。一切生物的身体，不论是热血或冷血，也都是我求食借宿的地方。只要环境不太干，不太热，我都可以生存下去。

干莫过于沙漠，那里我是不愿去的。埃及古代帝王的尸体，所以能保藏至今而不坏者，也就为着我不能进去的缘故。干之外再加以防腐剂，我就万万不敢去了。

热到了 60℃ 以上，我就渐渐没有生气了，一到了 100℃ 的沸点，我就没有生望了。我最喜欢暖血动物的体温，那是在 37℃ 左右吧。

热带的区域，既潮湿，又温暖，所以我在那里最惬意、最恰当。因此又有人认为我的籍贯，大约是在热带吧。

世界各国人口的疾病和死亡率，据说以中国与印度为最高，于是众人的目光又都集中在我的身上了，以为我不是中国籍，便是印度籍。

最后，有一位欧洲的科学家站起来，说我应属于荷兰籍。

说这话的人的意见以为，在 17 世纪以前，人类始终没有看见过我，而后来发现我的地方，却在荷兰国代尔夫特市政府的一位看门老头子的家里。

这事情发生于公元 1675 年。

这位看门先生是制显微镜的能手。他所制的显微镜，都是单用一片镜头磨成，并不像现代的复式显微镜那么笨重而复杂，而他那些镜头的放大力，却也不弱于现代科学家所用的。我是亲尝过这些镜头的滋味，所以知道得很清楚。

这老头儿，在空闲的时候，便找些小东西，如蚊子的眼睛、苍蝇的脑袋、臭虫的刺、跳蚤的脚、植物的种子，乃至于自己身上的皮屑之类，放在镜头下聚精会神地细看，那时我也夹杂在里面，有好几番都险些被他看出来了。

但是，不久，我终于被他发现了。

有一天，是雨天吧，我正在一小滴雨水里面游泳，谁想到这一滴雨水，就被他寻去放在显微镜下看了。

他看见了我在水中活动的影子，就惊奇起来，以为我是从天而降的

点拨

将人类的肚子比作大菜馆，人类身上的伤口比作酒楼茶店，可见肚子和伤口是菌儿的天堂。因此我们要注意这些方面的卫生。

点拨

拿看门先生发明的显微镜与现代的显微镜作比较，突出强调看门先生制作的显微镜虽然简单但具有实用价值。

小动物，他看了又看，疯狂了似的。

又有一次，他异想天开，把自己的齿垢刮下一点点来细看，这一看非同小可，我的原形都现于他的眼前了。原来我时时都伏在那齿缝里面，想分吃一点"入口货"，这一次是我的大不幸，竟被他捉住了，使我族几千万年以来的秘密，一朝泄露于人间。

我在显微镜底下，东跳西奔，没处藏身，他眼也看红了，我身也疲乏了，一层大大厚厚的水晶上，映出他那灼灼如火如电的目光，着实可怕。

后来他还将我画影图形❶，写了一封长长的信，报告给伦敦"英国皇家学会"，不久消息就传遍了全欧洲，所以至今欧洲的人，还以为我是荷兰籍，他们错以为发现我的地点就是我的发祥地。

老实说，我就是这边住住，那边逛逛；飘飘然而来，渺渺然而去，到处是家，行踪无定，因此籍贯实在有些决定不了。

然而我也不以此为憾。鲁迅的阿Q，那个大模大样的人物，籍贯尚且有些渺茫，何况我这小小的生物，素来不大为人们所注视，又哪里有记载可寻，有历史可据呢！

不过，我既是造物主的作品之一，生物中的小玲珑，自然也有个根源，不是无中生有，半空中跳出来的，那么，我的籍贯，也许可从生物的起源这个问题上，寻出端绪❷来吧。但这问题并不是一时所能解决的。

最近，科学家用电子显微镜和科学装备，发现了原始生物化石。在非洲南部距今31亿年前的太古❸代地层中，找到长约0.5微米❹杆状细菌遗迹，据说这是最古老的细菌化石。那么，我们菌儿祖先确是生物界原始宗亲之一了。这样，我的原籍就有证据可查了。

---

❶ 画影图形：摹绘形貌。

❷ 端绪：头绪。

❸ 太古：最古的时代（指人类还没有开化的时代）。

❹ 微米：长度计量单位，米的百万分之一。

无情的火

阅读提示

　　菌儿遭受了"菌"生滑铁卢。科学先生对他施以残酷的火刑。好在菌儿可以依附在蝇大爷和蝇大娘身上到达任何想去的地方，也可以不费吹灰之力让鲜美的汤食变酸腐烂。即使火无处不在，菌儿也可以顽强地生存下去，因为大地、天空、海洋遍布他的子孙。

　　我从踏进了玻璃小塔之后，初以为可以安然度日子了。

　　想不到，从白昼到黑夜又到了白昼，刚刚经过了 24 小时的拘留，我正吃得饱饱的，懒洋洋地躺在牛肉汁里，由它浸润着。忽然塔身震荡起来，一阵热风冲进塔中，天窗的棉花塞不见了，从屋顶吊下来一条又粗又长，明晃晃、热烘烘的白金丝，丝端有一圈环子，救生环似的，把我钩到塔外去了。

　　我真慌了。我看见那位好生面熟的科学先生，坐在那长长的黑漆的实验桌旁，五六个穿白衫的青年都围着看，一双双眼睛都盯着我。

　　他放下了玻璃小塔，提起了一片明净的玻璃片，片上已滴了一滴清水，就将右手握着那白金丝上的我，向这一滴水里一送，轻轻地大涂大搅，搅得我的身子乱转。

　　这一滴水就似是我的大游泳池，一刹那，那池水已自干了。于是我的大难临头了。

　　我看见那酒精灯上的青光，心里已自兀突兀突地跳了。果然，那狠心的科学先生一下子就把我往火焰上穿过了 3 次，使那冰凉的玻璃片，

点拨

　　本段关于实验过程的刻画绘声绘色，既表现了实验过程的煎熬，如"往火焰上穿过了 3 次"，又用幽默风趣的语调再现了菌儿的痛苦，如"晕倒不省'菌'事"。

010

立时变成热烫热烫的火床了。我身上的油衣都脱化了，烧得我的细胞焦烂，死去活来，终于是晕倒不省"菌"事了。

据说，后来那位先生还洗我以酒，浸我以酸，毒我以碘汁，灌我以色汤，使我披上一层黑紫衣，又披上一件大红衣，都是为着便利于检查我的身体，认识我的形态起见，而发明了这些曲曲折折的手续。当时我是热昏了全然不知不觉的，一任他们的摆弄就是了，又有什么法子想呢？

自此以后，每隔一天，乃至一星期，我就要被提出来拷问，来受火的苦刑。

火，无情的火，我一生痛苦的经验，多半都是由于和它碰头。

这又引起我早年的回忆了。

我本是逐着生冷的食物而流浪的。这在谈我的籍贯那一章已说得明明白白了。

在太古蛮荒的时代，人类都是茹毛饮血，茹的是生毛，饮的是冷血。那时口关的检查不太严，食道可以随意放行，我也自由自在无阻无碍地，跟着那些生生冷冷的鹿肉呀羊心呀，到人类的肚肠去了。

自从传说中，不知第几任的中国帝王，那淘气的燧人氏，那钻木取火的燧人氏，教老百姓吃熟食以来，我的生计问题，曾经发生过一次极大的恐慌。

后来还亏这些老百姓不大认真，炒肉片吧，炒得半生半熟，也满不在乎地吃了。不然就是随随便便地连碗底都没有洗干净就去盛菜，或是留了好几天的菜，味都变了，还舍不得扔掉，这就给我一个"走私""偷运"的好机会了。他们都看不出我仍在碗里活动。

热气腾腾的时候，我固然不敢走近；凉风一拂，我就来了。

当然，我最得力的助手，还是蝇大爷和蝇大娘。

我从肚肠里出来，就遇着蝇大爷。我紧紧地抱着他的腰，牢牢地握着他的脚。他"嗡"的一声飞到大菜间里去了。他"噗"的一下停落在一碗菜的上面，身子一摇，把我抛下去了。我忍受着菜的热气，欢喜那菜的香味，又有的吃了。

我吃得很惶惑，抬起头来，听见一位牧师在自言自语：

点拨

"飞""落""摇""抛"等一系列连续动作，使蝇大爷矫健轻盈的形象跃然纸上，蝇大爷的举动为菌儿觅食起到了重要的作用。

"上帝呀，万有万能的主啊！你创造了亚当和夏娃，又创造了无数鸟兽鱼虫、花草木兰来陪伴他们，服侍他们。你的工作真是繁忙啊！你果真于6天之内都造成了这么多的生物吗？你真来得及吗？你第7天以后还有新的作品吗？……

"近来有些学者对于你怀疑了，怀疑有好些小动物都未必是由你的大手挥成。它们都可以自己从烂东西里，自然而然地产生出来。就如苍蝇、萤火虫、黄蜂、甲虫之流，乃至于小老鼠，都是如此产生的。尤其是苍蝇，苍蝇的公子哥儿的确是自然而然地从茅厕坑里跳出来的啊！……"

我听了暗暗地好笑。

这是17世纪以前的事。那时的人，都还没有看见过苍蝇大娘的蛋，看见了也不知道是什么。

不久之后，在1688年的夏天，有一回，我跟着苍蝇大娘出游，游到了意大利一位生物学先生的书房里。她停落在一张铁纱网的面上，跳来跳去，四处探望。我闻到一阵阵肉香，却不见一块块肉影。她着急了，用那一只小脚乱踢，把我踢落到那铁纱网的下边去了。原来肉在这里！

这是这位生物学先生的巧计。防得了苍蝇，却防不了我。小苍蝇虽不见飞进去，而那一锅的肉却依旧酸了烂了。

从此苍蝇的秘密被人类发觉了。为了生计问题，于是我更无孔不钻，无缝不入了。

我也不便屡次高攀苍蝇的贵体，这年头，专靠苍蝇大爷和大娘谋食，是靠不住的啊！于是我也常常在空气中游荡，独自冒险远行以觅食。

有一回，是 1745 年的秋天吧，我到了爱尔兰，飞进了一位天主教神父的家里。他正在热烈的火焰上烧着一大瓶羊肉汤，我闻着羊肉气，心怦怦地跳。又怕那热气太高，不敢下手。他煮好了，放在桌上，我刚要凑近，陡然一下，那瓶口又给他紧紧密密地塞上了木塞子。我往四周一看，还有个弯弯的大缝隙，就索性挤进去了。

初到肉汤里的第一刻，我还嫌太热，一会儿就温和而凉爽了。一会儿，忽然又热起来了，那肉汤不停地乱滚，滚了好一个时辰，这才歇息了。我一上一下地翻腾，热得要死，往外一看，吓得我没命，原来那神父又在火焰上烧这瓶子了！烧了约莫一个钟头的光景。

我幸而没有被烧死，逃过了这火关，就痛快地大吃了一顿，把这一瓶清清的羊肉汤搅浑得不成样子了，仿佛是水中的乱云飞絮似的上下浮沉。那阔嘴的神父，看了又看，又挑了一滴放在显微镜下再看，看完之后，就大吹大擂起来了。他说："我已经烧尽了这瓶子里的生命，怎么又会变出这许多来了？这显然是微生物会从羊肉汤里自然而然地产生出来的呀！"

我听了又好气又好笑。

这样糊里糊涂地又过了 24 年。

到了 1769 年的冬天，从意大利又发出反对这种"自然发生学说"的呼声，这是一位秃头教士的声音。他说："那爱尔兰神父的实验不精到，塞没有塞好，烧没有烧透，那木塞子是不中用的，那 1 个小时是不够用的。要塞，不如密不透风地把瓶口封住了。要烧，就非烧到 1 小时以上

点拨

人类能防苍蝇，却防不了菌儿，更见菌儿无孔不入的本事。

点拨

"约莫"指大概，表估计、推测，"约莫一个钟头"强调了一个钟头这个时间是估量的结果，体现了说明文语言的准确、严谨。

不可。要这样才……"

我听了这话，吃惊不小，叫苦连天。

一则有绝食的恐慌，二则有灭身的惨祸。

这是关于我的起源的大论战。教士与神父怒目，学者和教授切齿。他们起初都不能决定我的出身何处，起家哪里；从不知道或腐或臭的肉啊、菜啊，都是我吃饱了的成绩。他们却瞎说瞎猜，造出许多科学的谣言来，什么"生长力"哪，什么"氧化作用"哪，一大堆的论文，其实那黑暗的主动者就是我，都是我，只有我！

仿佛又像诸葛亮和周瑜定计破曹操似的，这些科学的军师们，一个个的手掌心，都不约而同地写着"火"字。他们都用火来攻我，用火来打破这微生物的谜。

火，无情的火，真害我菌儿死得好苦也！

这乱子一直闹了一个世纪，一直闹到了1864年的春天，这才给那位著名的胡子科学先生的实验，完完全全地解决了。

说起来也话长，这位胡子先生真有了不起的本事，真是细菌学军营里的"姜子牙"。我这里也不便细谈他的故事了。

单说有一天吧，我飘到了他的实验室里。他的实验室我是常光顾的。这一次却不是被请，而是我独立闲散地飞游而来了。

我看见满桌上排着二三十瓶透明的黄汤，有肉香，有甜味。那每一只的瓶颈，都像鹤儿的颈子一般，细细长长地弯了那么一大弯，又昂起头来。我禁不住地就从一只瓶口扬长地飞进去了。可是，到了瓶颈的半路，碰了玻璃之壁，又滑又腻的壁，费尽气力也爬不上去，真是苦了我，罢了罢了！

那胡子科学先生一天要跑来看几十次，看那瓶子里的黄汤仍是清清明明的，阳光把窗影射在上面，显得十二分可爱，他脸上现出一阵一阵的微笑。

这一着，他可把"自然发生说"的饭碗，完全打翻了。为的是我不能到里面去偷吃，那肉汤，无论什么汤，就不会坏，永远都不会坏了。

于是，他疯狂似的，携着几十瓶肉汤，到处寻我，到巴黎的大街上，到乡村的田地上，到天文台屋顶的空房里，到黑暗的地窖里，到了瑞士，爬上阿尔卑斯山的最高峰去寻我。他发现空气愈稀薄，灰尘愈少，我也愈稀，愈难寻。

寻我也罢，我不怪他。只恨他又拿我去放在瓶子里烧。最恨他烧我又一定要烧到110℃以上，120℃以上，乃至170℃；用高压力来烧我，用干热来烧我，烧了一个钟头还不肯止呢！

火，无情的火，是我最惨痛的回忆啊！

现在胡子先生虽已不见了，而我却被囚在这玻璃小塔里，历万劫而难逃，那塔顶的棉花网，就是他所想出的倒霉的法子。至于火的势力，哎哟！真是大大地蔓延起来了。

火，无情的火，实验室的火，医院的火，检疫处的火，到处都起火了。果真能灭亡了我吗？

我的儿孙布满陆地、大海与天空。

毁灭了大地，毁灭了万物，才能毁灭我的菌群！

阅读笔记

阅读思辨

？1.为什么称火为"无情的火"，菌儿和火之间上演了哪些故事？

？2.菌儿能被无情的火打败吗？为什么？

水国纪游

阅读提示

> 火为刀俎，菌儿为鱼肉，好在还有水的救济。菌儿可以在很多有水的地方生活。雨水是菌儿的乐园；将化未化的雪水是菌儿的沃土；江河的水是菌儿的粮仓……当然也有例外，比如水深不过 5 米的浅水，只是菌儿偶尔休憩的场所。

实验室的火要烧焦了我，快了。

渴望着水来救济，期待着水来浸洗，我真做了庄周所谓"涸辙之鲋❶"了。

无情的火处处致我灼伤，有情的水杯杯使我留恋。世间唯水最多情！这让遭水灾的灾民听了，恐怕就有些不同意了。

"你看那滔天大水，使我们的田舍荡尽，水哪里还有情？！"

中国的古人曾经写成了一部《水经》❷，可惜我没有读过；但我料他一定把我这一门——水族里最繁盛的生物遗漏了。我是深明水性的生物。

水，我似听见你不平的流声，我在昏睡中惊醒！

五月的东风，卷来了一层密密的黑云，遮满了太平洋的

---

❶ 涸辙之鲋（fù）：在干涸了的车辙里的鲋鱼（鲫鱼），比喻处在困境中急待救援的人。

❷《水经》：中国第一部记述水系的专著，简要记述了全国 137 条主要河流的水道情况。其作者和成书年代不详，后有郦道元注本《水经注》流传。

天空。

我听见黄河的吼声，扬子江的怒声，珠江的喊声，齐奔大海，击破那翻天的白浪。

这万千的水声，洪大，悲壮，激昂，打动了我微弱的胞心，鼓起了我疲惫的鞭毛，徒然地增长了我斗争的精神。

水，我对于你，有遥久深远的感情，我原是水国的居民。

水，你是光荣的血露，神圣的流体！

耶稣基督据说也曾受过你的洗礼。

地面上的万物都要被你冲洗。

水，我爱你的浊，也爱你的清。

清水里，氧气充足，我虽饿肚皮，却能延长寿命。

浊水里，有那丰富的有机物，供我尽情地受用。

气候暖，腐物多，我就很快地繁殖。

气候冷，腐物少，也能安然地度日。

气候热，腐物不足，我吃得太速，那生命就很短促了。

水，什么水？是雨水。把我从飞雾浮尘，带到了山洪、溪涧、河流、沟壑。浮尘愈多，大雨一过，下界的水愈遍满我的行踪。

我记起了阿比西尼亚雨季的滂沱。法西斯头子墨索里尼❶纵使并吞了阿国❷，也消灭不了那滂沱，更止不住我从土壤冲进了江河。

雨季连绵下去，雨水已经澄清了天空，扫净了大地，低洼处的我，虽不会再增多，甚至有时反而被那后降的纯洁的雨水逐散了，然而大江小河，这时已浩浩荡荡满载着我，这将给饮食不慎的人群以相当的不安啊！

水，什么水？是雪水。我曾听到胡子科学先生得意扬扬地说过，山巅的积雪里寻不见我。我当然不到那寂寞荒凉的高峰去过活，但将化未化的美雪，仍然是我冬眠的好地方。

雪花飞舞的时候，碰见了不少的灰尘，我又早已伏在灰尘身上了。

点拨

运用拟人的修辞，赋予雨水人的特征，"澄清""扫净"两个词生动形象地说明了雨水具有很强的清洁效果。

---

❶ 墨索里尼：1883—1945 年，意大利人，臭名昭著的"法西斯主义"的创始人，第二次世界大战的元凶之一。

❷ 阿国：指前文提到的阿比西尼亚，即埃塞俄比亚。

点拨

连续好几段用"水，什么水"的问句开头，构成排比段，使本章形成并列式说明结构，便于从不同角度说明很多水域环境都适宜菌儿生存，使读者一目了然。

点拨

列举恒河、罗讷河、易北河等河的例子，具体形象地说明了菌儿和水疫有千丝万缕的联系，使说明更具体、更有说服力，便于读者理解。

瑞典的京城，地处寒带而多山，日常饮用的水，都取自高出海面160米的一个大湖。平时湖水还干净，阳春一发，雪块融化，拖泥带土而下，卫生当局派员来验，说一声"不好了！"我想：这又是因为我的活动吧！

水，什么水？是浅水，是山泽、池沼，以及一切低地的蓄水。最深不到5尺❶，又那么静寂，不大流动。我偶尔随着垃圾堆进去，但那儿我是不大高兴久住的。那儿是蚊大爷的娘家，却未必是我的安乐窝。

尤其是在大夏天，太阳的烈焰照耀得我全身发昏。我最怕的是那太阳中的"紫外光"，残酷的杀菌者。深不到5尺的死水，真是使我叫苦，没处躲身了。5尺以外的深水才可以暂避它的光芒。最好上面还挡着一层污物，挡住那太阳！

我又不喜那带点酸味的山泽的水，从瀑布冲来了山林间的腐木烂叶，浸成了木酸叶酸，太含有刺激性了。

如果这些浅水里，含有水鸟鱼鳖的腥气、人粪兽污的臭味，那又是我所欢迎的了。

水，什么水？是江河的水。江河的水满载着我的粮船，也满载着我的家眷。印度的恒河就是一条著名的"霍乱❷"河；法国的罗讷河也曾是一条著名的"伤寒"河；德国的易北河又是一条历史的"霍乱"河；美国的伊利诺伊河又是一条过去的"伤寒"河。"霍乱"和"伤寒"，还有"痢疾"，是世界驰名的水疫，是由我的部下和人类暗斗而发生的。这其间，自有一段恶因果，这里且按下不表。

中国的江河，自然也不示弱。大的不说，单说上海那一条乌七八糟的苏州河，年年春天、夏天的时候，我天天率着眷属在那河水里洗澡，你们自己没有觉察罢了。

有人说：江河的水能自清。这是诅咒我的话意。不是骂我早点饿死，就是讥笑我要在河里自杀。我不自尽，江河的水怎么会清呢？

然而，在那样肥美的河肠江心里游来游去，好不快活，我又怎肯无端自杀，更何至于白白地饿死？

然而，毕竟河水是自清了。美国芝加哥大学有一位白发斑斑的老

❶ 尺：长度单位，1尺 =1/3 米。

❷ 霍乱：急性肠道传染病，病原体是霍乱弧菌。

教授，曾在那高高的讲台上说过，当他在三十许壮年的时候，初从巴黎游学回来，对于我极感兴趣，曾沿着伊利诺伊河的河边，检查我菌儿的行动。他在上游看见我是那样神气，那样热闹，几乎每一滴河水里都围着一大群。到了下游，就渐渐地稀少了。到了欧地奥的桥边，我更没有精神了。他当时心下细思量：这真奇怪，这河里的微生物是怎样没落了呢？难道河水自己能杀菌吗？

河水于我，本有恩无仇。无奈河水里常常伏着两种坏东西，在威胁我的生存。它们也是微生物。我看它们是微生物界的捣乱分子，专门和我做对头。

一种比我大些，它们是动物界里的小弟弟。<u>科学先生叫它们"原虫"，恭维它们做虫的"原始宗亲"。我看它们倒是污水烂泥里的流氓强盗</u>。最讨厌的是那鞭毛体的原虫。它的鞭毛，比我的更粗更大，也活动得厉害，只要那么一卷，便把我一口吞吃而消化了。

它的家庭建筑在我的坟墓上，我恨不恨？

一种比我还要小几千百倍，很自由地钻进我身子里，去胀破我那已经很紧的细胞，因此科学先生就唤它作"噬菌体"。你看它的名字就已明白它是和我作对的。它真是小鬼中的小鬼！

水，什么水？是湖水。静静的，平平的，明净如镜，树影蹲在那儿，白天为太阳哥拂尘，晚上给月姐儿洗面，没有船儿去搅它，没有风儿去动它，绝不起波纹。在这当儿，我也知道湖上没有什么好买卖，也就悄悄地沉到湖底归隐去了。

这时候，科学先生，在湖面寻不着我，在湖心也寻不出我，于是他又夸奖那停着不动的湖水有自清的能力了。

可是，游人一至，游船一开，在酣歌醉舞中，瓜皮与果壳乱抛，在载言载笑间，鼻涕和痰花四溅，那湖水的情形又不同了。

水，什么水？是泉水，是自流井的水，是地心喷出来的水。那水才是清。那儿我是不易走得近的。那儿有无数的石子沙砾绊住我的鞭毛，牵着我的荚膜不放行。这一条是水国里最难通行的险路，有时我还冒着险前冲，但都半途落荒了。

水，什么水？是海水。这是又咸又苦的著名的盐水。咸鱼、咸肉、

点拨

用打比方的方法，从菌儿的视角把原虫比作强盗，可见原虫对菌儿的破坏力之强，令菌儿深恶痛绝。

咸蛋、咸菜，凡是咸过了七分的东西，我就有些不肯吃。最适合我胃口的咸度，莫如血、泪、汗、尿那些人身的水流，如今这海水是纯盐的苦水，我又怎会愿意喝？

不过，海底还是我的第一故乡，那儿有我的亲戚故旧，我曾受着海水几千万年的浸润。现在虽飘游四方，偶尔回到老家，对于故乡的风味，虽然咸了些，也有些流连，不忍即去呢。

我在水里有时会发光。所以在海上行船的人，在黑夜里，不时望见那一望无际的海面发出一闪一闪的磷光，那里面也夹着一星一星我的微光。

我自从别了雨水以来，一路上弯弯曲曲，看见了不少的风光人物：不忍看那残花落叶在水中荡漾，又好笑那一群喜鸭在鼓掌大唱；不忍听那灾民的叫爹叫娘，又叹息那诗人的投江！

五月的东风，

吹来一片乌云，

遮满太平洋的天空。

我到了大海，

观着江口河口的汹涌澎湃。

涌起了中国的怒潮！！

冲倒了对岸的狂流！

击破了那翻天的白浪！

洗清了人类的大恨！

看到这里，我想，那些人类争权夺利的大厮杀，和我这微生物小子有什么相干呢？

🦑 **阅读思辨**

❓1. 河水有自清的功能吗？为什么菌儿在河水中容易没落？

❓2. 菌儿愿意在海水中生活吗？他对咸度有什么要求？

生计问题

阅读提示

　　回到土乡的菌儿凭借风儿既可以青云直上，也可以迎风而下。旱季的枯干瘦木，春日的花红叶绿，都是他果腹的来源。黏腻的瓜果皮、潮湿的菜管菜叶更是菌族的宿舍旅馆。随着植物被迫害秘密的揭晓，菌儿的好日子也即将宣告结束。

阅读笔记

　　游完了水国，我躺在海洋上，听那波涛的荡漾。仰看白云在飘游，我羡慕着它们的自由。

　　在海天一色的包围中，海风吹起浪花溅，浪花啊！它无力送我上云霄。那海水又太咸了，不中吃。我真觉着有些苦闷了。

　　我只得期待着鱼儿，它会鼓着鳃儿来吞我。鱼儿要被渔夫捕，我伏在鱼腹里，就有再到岸上的机缘了。到了岸上，我的生活就不致发生恐慌了。

　　我打算在厨子先生洗鱼肚的时候，一溜就溜到垃圾桶里去。在垃圾桶里，我跟生物社会的接触一多，谋食便不难了。

　　不幸而溜不过去，那就有混在生鱼粥里到人类口中的希望了。总之，我先在那半生半熟的鱼身里偷活，再到那半臭半腥的人肚里寄生罢了。然而，我终于又厌倦了胃肠里的沉闷的生活，痛快地随着大便而出来了。

　　经过曲曲折折的途径，不久，我和我的家人亲友又都回到土壤的老家团聚。

　　这里我得补叙一下，在未到岸上之前，那海鱼肚子里的环境，于我有时是不利的，它的消化力实在太强了。

点拨

菌儿抓住人类的饮食喜好，让很多海洋生物成了他的帮凶，为了规避菌儿对人体的入侵，我们一定要仔细鉴别海鲜，切勿贪生食。

点拨

正可谓"好风凭借力，送我上青云"。菌儿很渺小，他的力量也很微弱，但可以遨游于天地之间，只因他善于借助外力。

于是，我又曾趁着潮水的高涨，回到河肠江心，去央求淡水的鱼，顺便又疏通了螃蟹虾蛤蚌螺之类人类所爱吃的水中生物，请它们帮忙提拔。它们也都答应了。当中，蚝似乎和我最有交情。它在污水里每小时一收一放的水量，竟有 2 升之多。我也就混在那污水里进去，它的螺壳就成为我临时的住宅了。

据说，岸上有很多人，因吃了没有煮熟的蚝，都得了伤寒病啦。那科学先生就又怪我了，说什么蚝之类的生物还是我暗杀人类的秘密机关呢。这我以后当然要申辩的，这里不便多啰唆了。

且说，我既从水国回到了土乡，天天又望见那时放异彩的浮云，好不逍遥自在，我渴望着和它交游。但那时地上仍是很湿，连我身上的鞭毛都被泥土所粘，鼓舞不起来，更何能高飞远扬呢？虽有时攀着苍蝇的毛腿出游，但它又是低着头飞，至多也飞不上半里路，就停下来一脚把我踢落在地上了。虽然在地上我是不愁衣食的。

然而我对于天空的幻想，又使我希望秋之来临了。那时天高气爽，尤其是在中国故都的北平 ❶，和美国中部第一大城密执安湖畔的芝加哥，这两个著名的"灰尘的都市"，一到了秋冬，就刮大风，将沙尘卷入天空，那时我就骑在沙尘身上而高翔了。风力益健，我竟直飘上青天 4 000 米以上，那固然是罕有的事，我也真可以傲飞鸟而笑白云了。

记得 19 世纪初期，英国的年青诗人雪莱，曾唱着"西风之歌"，他愿意做一瓣浪花，一片落叶，一朵白云，躺在西风里任它飘荡去，把他一切的思想、情感、希望都寄托着西风去散播了。我想：我这一次得上青天驾白云，也该感谢风爷的神力啊。

我正在这样想，忽然记起了一件伤心惨目的往事，那就是世界各地的旱灾。

旱灾一来，全生物界都起了恐慌。那时大地涨红了脸，甚至于破裂，生物焦的焦死，饿的饿死，看不见点绿滴青，看见的尽是枯干瘦木，那原因半由于暴日的肆虐，半由于风爷的发狂。

那风爷也太发狂了，云和雨都被它吹散了，在大旱期间，连西风也不怀好意了。

---

❶ 北平：北京的旧称之一。

有的人还以为地面上堆着许多的尸体腐物，是我口福的大造化，我可以乘风四游，到处得食了。哪里知道当这大旱临头，我也万分焦急，我虽有坚实的芽孢❶，可以在空气中苟延性命，却也经不起热与干长期的压迫。地上的干粮虽堆积如山，但没有一些水汽的浸润，我是吃不动的呀。君不见大沙漠中，哪有我的影踪。

我爱的是湿风，我怕的是热风。

我的小身子又是那样轻飘，我那一粒单细胞还不及一千兆分之一克重。我既上升，就不易下降，终日飘在天空。只有雨雪霜露方能使我再落尘间。罢了，罢了，在大旱天我是受了风爷的欺骗了。

我凄凉地度过了冰雪的冬天，到了春风和畅的季节，下界雨量充足，草木茂盛，虫鸟交鸣，生物都欣欣然有喜色。那时，我早已暗恨着天空的贫乏，白云的无聊，思恋着地上的丰饶。

于是那善变的风爷又改换方向来招我下凡了。

我别了白云，下了高山，随着风爷到农村。农村上遍地花红叶绿，我逢花采花，逢叶摘叶，凡是吃得动的植物，无所不吃。这也是因为植物间的气候，植物的体温，与当时空气的温度相去不远，我又新从天空来的，当然先以它们的身上为合宜的寄食之所了。

我尤喜那似胶似漆富有黏液的果皮瓜皮，那潮湿而有皱痕的菜叶菜管，它们都是我的天然宿舍旅馆。我的家人亲朋成亿成兆地在这儿过活。

据美国农业部化学局最近的调查，他们代我估计一下，在那含有铁质最高的蒲菜身上，每 1 克重的分量里面，就有我"菌儿" 25 万在迅速地繁殖着。这不是一个很惊人的数目吗?

我随着风爷而飘游，走遍了五大洲，世界的农村都到过了。小的植物不用说，那我是都光顾到了的。就是抵抗力强盛的大松大柏，它们的风味，我也都一一领略过了。算得出的，在有花植物❷之部，我曾吃过66科，150 目。在隐花植物❸之部，就记不清了。

---

❶ 芽孢：又称内生孢子，是细菌休眠体，被誉为整个生物界抗逆性最强的生命体。
❷ 有花植物：开花、结实、靠种子繁殖的植物的统称，又称显花植物。
❸ 隐花植物：不开花结实，靠孢子、配子或细胞分裂繁殖的植物的统称。与显花植物相对。

点拨

用"善变"描述风的变化多样；用"下凡"介绍菌儿行程的变化，赋予物人的特征，形象生动地写出风的变幻莫测。

点拨

运用列数字的说明方法，具体准确地说明了菌儿所食植物种类之丰富，数量之多，使说明更有说服力。

不过，植物之遭我暗算，人类是从来不知道的，以为是它们自己内部的溃烂，或专去骂昆虫那些小妖物的恶作剧。

谁知道，有一回，我在法国南部的田园里大啖葡萄的时候，又被那位多疑的胡子科学先生发觉了。从此他的徒弟徒侄们，就加紧研究我和植物种种不正常的关系，宣布了我的罪状。于是农民们就痛恨我，说我太不讲情理了，破坏他们的农作物，用药用火，千方百计来歼灭我。这真是冤枉。我也是为着生计问题所迫而来呀！吃的都是大自然所分赠的食物呀！它们又没有注定给人类——这生物的特殊阶级，单独享用呀！

我在生物界中要算是最不安定的分子了。四方飘游，到处奔流，无非为着自由而努力，为着生活而奋斗。浮大海，吃不惯海水的咸味；居人肚，闷不过小肠的束缚；返土壤，受不住地方的限制；飘上天空，又嫌那天空太空虚了。历尽水旱的辛苦，结识了鱼儿和风爷，最后到了农村，那儿食粮充足，行动比较自由，我自认为是乐土了。谁料那自私自利的人类，忽来从中作梗，从此我将永远不得安宁了，唉！

点拨

菌儿四海为家，但又居无定所，上天入地无所不能，有时也难逃人类的"五指山"。正可谓"螳螂捕蝉，黄雀在后"。

阅读思辨

❓ 1.菌儿云游四方，上天入地无所不能，有没有菌儿不喜欢的生活环境？请举例说明。

❓ 2.请说说为了回到土乡，菌儿得到了哪些水生生物的帮助？

日积月累

1 那时大地涨红了脸，甚至于破裂，生物焦的焦死，饿的饿死，看不见点绿滴青，看见的尽是枯干瘦木，那原因半由于暴日的肆虐，半由于风爷的发狂。

2 浮大海，吃不惯海水的咸味；居人肚，闷不过小肠的束缚；返土壤，受不住地方的限制；飘上天空，又嫌那天空太空虚了。

呼吸道的探险

阅读提示

乘着灰尘的东风，菌儿成为呼吸道的常客，在此与扁桃腺①斗智斗勇。而扁桃腺等淋巴腺正是动物为自我防御而进化出来的堡垒。他们与菌儿互为天敌，又相互成就。以游历为生的菌儿岂会满足于呼吸道这方寸之地，他的终极目标是——肺。

我在乡村的田园上，仍然过着颠沛流离的生活，处处靠着灰尘的提携。

那灰尘真像是我的航空母舰，上面载着不少的游伴。

这些游伴的分子也太复杂了。矿、植、动三大界都有，连我菌物也在内，一共是四色了。

矿物之界，有煤烟的炭灰，有火山的破片，有海浪的盐花，有陨星的碎粒，还有各式矿石的散沙，都随着大风而远扬。

植物之界，有花蕊、花球的纷飞；有棉絮、柳丝的飘舞；有种子、芽孢、苔藻、淀粉、麦片以及各式各样的植物细胞的乱奔狂突。

动物之界，有皮屑、毛发、鸟羽、蝉翼、虫卵、蛹壳以及动物身上一切破碎零星组织的东颠西扑。

菌物之界，有一丝一丝的霉菌，有圆胖圆胖的酵母②，在空中荡来荡去。最后就是我菌儿这一群了。

点拨

四色之中无所不有。菌儿天性爱自由，搭乘灰尘的东风终于可以自由驰骋，无惧无畏。

---

① 扁桃腺：扁桃体的旧称。尊重作者原著，故保留原文。后文有多处类似旧称，如白血球、红血球等，不再一一注解。

② 酵母：即酵母菌，真菌的一种，圆形或卵形等。酿酒、制酱、发面等都是利用酵母菌引起的化学变化。

这是灰尘的大观。这之间以我族最为活跃。我在灰尘中，算是身子最轻的，我活动的范围也最广了。

这些风尘仆仆中的杂色分子，又像是一群流浪儿，一群迷途的羔羊啊。

我紧牵着这一群流浪儿的手，在天空中奔逐，到处横冲直撞，不顾一切利害。

记得有一回，还是在洪荒❶时代吧，我正在黑夜的森林中飞游，忽然碰了一个响壁，原来是蝙蝠的鼻子。我在暗中摸索，堕进了它鼻孔的深渊，觉得很柔滑很温暖。但不久，被它强有力的呼吸一喷，就打了几个筋斗出来了。

后来，我冲进它的鼻孔里的机会愈来愈多了。然而，它这类动物，呼吸道的抵抗力颇强，颇不容易攻陷，它的"扁桃腺"也发育得不大完全。

"扁桃腺"这东西是"淋巴组织"的结合，淋巴腺的一大种。在腭部有腭扁桃腺，在咽喉间有咽扁桃腺，在小脑上有小脑扁桃腺。如此之类的扁桃腺，自我闯入动物体内之后，都曾一一碰到。

动物体内之"淋巴组织"是含有抵抗作用的。淋巴细胞也就是抗敌的细胞，是白血球的一种。所以淋巴这草黄色的流液着实富有排除外物的力量呀，我往往为它所驱逐而逃亡。

那么，扁桃腺就是淋巴组织最高的建筑物，就是动物身内抗菌的大堡垒了。当我初从鼻孔或口腔进到舌上喉间的时候，真是望之而生畏。

后来走熟了这两条路，看出了扁桃腺的破绽与弱点。原来它的里外虽有很多抗敌的细胞把守，但它的四周空隙深凹之处可真不少，那里的空气不甚流通，来来往往的食货污物又好在此地集中，留下不少的渣滓，反而成为我藏身避难的好所在了。

我就在这儿养精蓄锐，到了有机可乘时，一战而占领了扁桃腺，作为攻身的根据地了。于是那动物就发生了扁桃腺炎了。

这让人类非常着急，认为扁桃腺在人身上有反动的阴谋，是如同盲肠之流的下贱东西，无用而有害，非早点割弃它不可。

点拨

借用比喻，形象说明了扁桃腺对于动物身体的重要作用。

———————
❶ 洪荒：混沌蒙昧的状态，借指太古时代。

其实人身的扁桃腺及其他淋巴腺愈发达，尤其是呼吸道的淋巴腺愈发达，愈足以表现出人菌战争之烈。

人若得胜，淋巴腺则是防菌的堡垒；我若得胜，这堡垒则变为我的势力区了。

淋巴腺，在动物的进化过程中，还是比较新的东西。这是由于我的长期侵略，它们的积极抵抗，相持既久，它们体内就突然发生了这种防身的组织。

我生平对于冷血动物，素以冷眼看待，不似对于热血动物那般热情，所以我在它们体内游历的时候，也没有见过有什么淋巴腺、扁桃腺之类的组织，这是因为我很少侵略它们的内部器官，我不过常拿它们的躯壳，当作过渡时期的驻屯所罢了。有时还利用它们作为我投奔高等动物身内的天梯或桥梁哩。这之间，就以昆虫之类最肯帮我的忙，尤以苍蝇、蚊子、臭虫、跳蚤、身虱、八角虱之流，这些人类所深恶的东西，更喜欢和我密切地合作，这是后话。不过，我如想从鼻孔进攻人、兽之身，那还须靠灰尘的牵引。

我曾经游遍了普天下动物的身体，只见到鸟类和哺乳类才有淋巴腺、扁桃腺之类的抗敌组织，而以哺乳类的淋巴腺最为发达。<u>到了人，这淋巴腺的交通网更繁密了。人原是可以得很多病的动物啊。淋巴腺在进化途中实是传染病的一种纪念碑啊。</u>

高空的飞鸟绝不会得肺痨病，它们常吸新鲜的空气，在它们的呼吸道里我是不大容易驻足的，因此这条道上的淋巴腺也没有它们消化道的肠膜下的淋巴腺那样多。

肺痨病虽有鸟、牛、人之分，而关系鸟的部分受害者也只限于鸡鸭之群，人类篱下的囚徒罢了。于是它们呼吸道里的淋巴腺，是比飞鸟的增加了。

至于蝙蝠这夜游的动物，好在檐下或树林间盘旋飞舞，我自从那一回碰到了它的鼻子之后，就渐渐地熟悉它的呼吸道上的情形。我见它当初也没有什么扁桃腺，后来为了对付我而新添了这件隆起的东西。

由此可见我和动物的呼吸道发生了关系之后，扁桃腺及其他淋巴腺所处地位的崇高而重要了。所以，我在这一章的自传里，特地先记述它

点拨

我们的身体一直积极地与外界入侵进行对抗，在对抗中进化，适者生存。

点拨

菌儿和扁桃腺、淋巴腺是竞争对手，双方因为彼此的存在不断改进自身不足，相互成就，可见事物都是在对抗中发展前进的。

们。它们的发生是由于我的刺激，我的行动又以它们为路碑，我和它们的关系是多么密切啊。

我冲进鸟兽和人的鼻孔的机会固然很多，虽然这也要看灰尘的多寡，鸟兽之群及人口的密度如何。

高阔的天空不如山林的草原，农村的广场不如都市的大街，公园不如戏院，贵人的公馆不如十几个人窝在黑暗一间的棚户。总之，人烟愈稠密，人群愈拥挤，我从空中到鼻子，从鼻子又到别的鼻子的机会也愈多了。

我在乡村的田园上飞游之时，生活过于空虚，颇为失意。于是，我就趁着乡下人挑担上城的时候，附着在他的身上，到这浮尘的都市观光来了。

在都市的热闹场所，我的生意极其兴隆。这儿不但有灰尘代我宣扬，还有痰花口沫的飞溅助我传播。

从此，呼吸道上总少不了我的影子。这条入肺的孔道，我是走得烂熟了。它的门户又是永远开放的。

虽然婴儿初离母胎的当儿，他的鼻孔和口腔以内，是绝对没有我的踪迹的。但经过了数小时之后，我就从空气中一批一批地移民来此垦殖了。

我的移民政策是以呼吸道的形势与生理上的情形决定的。要看那块地方，气候的寒暖如何，湿度如何，黏膜上有无隙缝深凹之处，氧气的供给是否太多，组织和分泌汁的反应是酸是碱抑或是中间性，细胞胞衣❶上的纤毛，它们的活动力是否太强烈了。须等到这些条件都适合我的生活需要了，然后这曲折蜿蜒似海岸线似的呼吸道，才有我立身插足之地啊！

此外，还有临时发生的事件，也足以助长我的势力。如食货和外物的停积，是加厚了我的食粮；如黏膜受伤而破裂，是便利了我的进攻。更有那不幸的矿工，整天呼吸着矽灰，他的肺瓣硬化了，变成了矽肺❷，这矽肺是我最喜盘踞的地方。我家里那个最不怕干的孩子，人们叫它作

---

❶ 胞衣：生物细胞外的一层薄膜。

❷ 矽肺：即硅肺，职业病，由长期吸入含二氧化硅的灰尘引起，症状是呼吸短促，胸口发闷或疼痛，咳嗽，体力减弱，常并发肺结核。

"痨病菌"的，便是常在这矽肺上生长繁殖的。于是科学先生就说，矽肺乃是肺痨病的一种前因。这是矿工受了工作环境的压迫，没有得到卫生的保障所致。人必先糟蹋了自己的身体，而后我才有机可乘，这不能专怪我的无情吧。

在十分柔滑而又崎岖不平的呼吸道上，我的行进有时是有如许的顺利，而有时又甚艰险了。因此，我这一群里，有的看呼吸道如"天府之国"，有久居之意；有的又把它当作牢狱似的，一进去就巴不得快快地出来；又有的则认为是临时的旅舍，可以来去无定。这样，终主人的一生，他的呼吸道上，是从不会缺少我的形影的。

这呼吸道又很像一条自由港，灰尘的船只可以随意抛锚。就我历次经验所知，这条曲曲折折的自由港又可分为里、中、外三大湾。

里湾以肺为界岸，出去就是支气管、气管、喉。中湾介于口腔与鼻洞之间，是呼吸道和食道的三岔路口，是入肺入胃必经的要隘，隆肿的扁桃腺就在这里出现，这一湾的地名就叫作"口咽"。"口咽"之上为"鼻咽"，那是外湾的起点了。"鼻咽"之前就是纤曲的"鼻洞"，分为两道直通于外。

纤曲的鼻洞，我是不大容易居留的，那里时有大风出入，鼻息如雷，有时鼻涕像瀑布一般滚滚而流，冲我出来了。所以在平时，鼻洞里的我大都是新从空气游来的，而且数日也不多。我本是风尘的游客，哪配久恋鼻乡呢？何况前面还有森严的鼻毛，挡住我的去路啊！

可是，鼻洞里的气候时时在转变着，寒暖无常，有时会使鼻禁松弛了，我也就不妨冒险一冲，到了鼻咽里来了。

在鼻咽里，我较易于活动，因而能迅速地繁殖。但我的繁荣，终究是受了当地食粮的限制，于是我不得不学侵略者的手段了。我这也是为着生计所迫，而不能不和鼻咽以内的细胞组织斗争啊！

所以，到了鼻咽以后，我的性格就不似从前在空中时那样浪漫与无聊，真变得泼辣勇猛多了。

由鼻咽到口咽，一路上准备着厮杀，准备着进攻。我望见那红光满目的扁桃腺，又瞥见那一开一合的大口，送进一闪一闪的光明，光明带

点拨

菌儿的这句话道出了人类被病菌入侵的实质，爱自己是抵御病菌最好的武器。因此，平时注意清洁，保持良好的卫生习惯尤为重要。

点拨

本段用了作诠释的说明方法，分别对里湾、中湾、外湾加以具体的解释说明，形象地说明了呼吸道的曲折，便于读者理解。

点拨

通过"望见""瞥见""送进"等一连串动词，生动地刻画了菌儿在从鼻咽到口咽的进攻过程中，一路环境对他的冲击。画面感极强，读者仿佛身临其境。

来了许多新鲜的空气。我在这歧路上徘徊观望，逡巡①不敢前进。久而久之，习惯使我胆壮，我就在口咽的上下、扁桃腺的四周埋伏，等候着趁机起事。所以在人身体中，菌众与种类，除盲肠的左右以外，要算以咽喉之间为最多了。

我在呼吸道上进攻的目的地，当然是肺。

> 那儿有吃不尽的血粮，
>
> 那儿有最广阔的地场，
>
> 肺尖又脆肺瓣又弱，
>
> 我可以长期地繁殖着，
>
> 但我在未达到肺腑前，
>
> 要尝尽千辛万苦；
>
> 一越过了软骨的音带，
>
> 突然就遇着诸种危害：
>
> 四围的细胞会鼓起纤毛来扫荡我，
>
> 两旁的黏膜会流出黏液来牵绊我，
>
> 喷嚏，咳嗽，说话，与呼吸又来驱逐我，
>
> 沿途的淋巴腺满布着白血球突来捕捉我。

我真是无可奈何了。所以在天气好的日子，从咽喉到肺这一条深港是平静无事的，我就算偶尔跌进里头去，也没敢多流连哪！

一旦云天变色，气候骤寒，呼吸道上忽然遇着冷风的袭击，我一得了情报，马上就在扁桃腺前，召集所有预伏的菌兵菌将，会师出发，往着肺门进攻。

当那时，全咽喉都被震撼了。

---

❶ 逡巡（qūn xún）：有所顾虑而徘徊或不敢前进。

吃血的经验

阅读提示

一次偶然的机会，菌儿初尝血液，自此他便对血液念念不忘，但人体白血球武力值爆表，遇到抗体强的身体，菌儿也无计可施，只好对身体虚弱的人下手。菌儿一旦冲进血管，便所向披靡，占领血河，战胜白血球，压倒抗体，解除血液的武装，吃光血色素，成为人类患败血症的罪魁祸首。

从血川到血河，一路上冲锋陷阵，小细胞和大细胞肉搏，鞭毛和伪足❶交战，经过无数次的恶斗，终于是我得胜了，占领了血河，而人得败血症的病死了。

于是科学先生就板起面孔来，在实验室里，大骂我是穷凶极恶的暗杀党，谋害了宝贵的人命，他们一定要替人类复仇，发明新武器来歼灭我。这不但于我的名声有损，而且连我在生物界的地位都动摇了。我在这一章里是要表明我的立场哩。

中国的古人不是说过"民以食为天"吗？我是生物界的公民之一，当然也以食为天，不能例外。我的生活从来是很艰苦的。我曾在空中流浪过，水中浮沉过，曾冲过崎岖不平的土壤，穿过曲折蜿蜒的肚肠，<u>也曾饿在沙漠上，也曾冻在冰雪上，也曾被无情之火烧，也曾被强烈之酸浸，</u>在无数动植物身上借宿求食过，到了极度恐慌的时候，连铁、硫和

点拨

此处强调了菌儿的颠沛流离，突出菌儿生命力的顽强。

---

❶ 伪足：变形虫等原生动物的运动器官和捕食器官，由身体的任一部分突出而形成，形成后可以重新缩回。

碳之类的矿盐，也胡乱地拿来充饥。我虽屡受挫折，屡经忧患，仍是不断努力地求生，努力维护我种我族的生存，不屈服，不逗留，勇往直前。我无时无刻不在艰苦生活之中挣扎着。我的生活经验，可以算是比一般生物都丰富得多了。我这样四方奔走，上下飘舞，都是为着吃的问题没有解决呀！

我想，生物的吃，除了一般植物所吃是淡而无味的无机盐，其他的如动物界中的各分子及植物界中之有特别嗜好者，它们所吃，都尽是别的生物的细胞。它们不但要吃死去的细胞，还要吃活着的细胞。吃人家的细胞以养活自己的细胞，这可以说是生物界中的一种惯例吧。于是各生物间攘争掠夺互相残杀的事件，层出不穷了。

我菌儿虽是最弱最小的生物，在生物界中似乎是居最末位的，但我对于吃的问题也不能放松！

我几乎是什么都吃的生物，最低贱的如阿米巴❶的胞浆，最高贵的如人类的血液，我都曾吃过。我虽是被列入植物界，但我所吃，所爱吃的，绝不像植物所吃的那样淡泊而没有内容。我吃的复杂而兼普遍，我是最能适应环境的生物。

但是，我因感着外界的空虚、寂寞和荒凉，我的细胞时有焦干冻饿的恐慌，所以特别爱好在动物身上盘桓，尤其是哺乳类的动物，人和兽之群。他们的体温常是那么暖和，他们又能供给我以现成的食料。我在他们的身上，过惯了比较舒适的生活，就老不想离开他们的圈子了。于是我的大部分群众就在这圈子之内无限制地生长繁殖起来了。

人和兽之群，在我看去真是一座一座活动的肉山啊！

我初到人兽身上的时候，看见那肉山上森严地立着疏疏密密的森林似的毛发须眉，又看见散乱地堆着重重叠叠的乱石似的皮屑。我就随便吃了这些皮屑过活，那时我的生活仍然是很清苦的。

后来我又发现肉山上有一个暗红的山洞，从那山洞进去，便是一个弯弯曲曲无底的深渊，那就是人兽的肚肠。肚肠是我的天堂，那儿有来来往往的食货。我就常常混在里面大吃而特吃。但不幸我在洞里又遇到了一种又酸又辣的液汁，我受不住它的浸洗。所以除了我那些走熟这一

点拨

列举阿米巴和血液的例子，说明菌儿所食之杂，有力地证明了他"什么都吃"。可见菌儿有极强的生存能力。

---

❶ 阿米巴：一种变形虫，能侵入人和动物体内，引起疾病。

条路的孩子们，我的大部分的菌众都不能冲过去。这天堂仍是一个特殊阶级的天堂啊！

有一回，人的皮肤上忽像火山一般地爆裂了，流出热腾腾红殷殷的浓液。当时我很惊异这东西是从哪里来的呢？后来我在肺港里见惯了它，它的诱惑力激发了我的食欲和好奇心。我的细胞就往往情不自禁地跳进它的狂流之中去。我尝了它的美味，从此我对于人兽的身体就抱着很大的野心了。

我虽有吃活人活兽之血的野心，然而这并不是轻而易举的事，这也并不是我菌群中全体的欲望。这种侵略人、兽的大举有些像帝国主义者的行为，虽然那不过是我族中少数有势有力的少壮细胞所干的事，帝国主义者侵略弱小民族也并不是他们国内全体人民的公意呀。所以你们不要因为我少数的"菌阀"的蛮干，使人类不安，而加罪于我的全体，连我一切有功的事业也都抹杀了。

人类本来都茫然不知道我在暗中的活动，我的黑幕都是给多疑的科学先生所揭穿的。他们老早就疑惑到我和人、兽之血的恶关系了。于是他们就时常在人血、兽血中寻找我的踪迹。因为初生的婴孩，他的肠壁黏膜还不十分完整与坚实，他们想，我到了那里一定是很容易通行的。又因为在猪牛之类的肌肉和组织里，他们时常发现我。因此他们对于我是更加疑忌了。但是在健康之人的血液里，他们老寻不着我，罪证既不完全，他们就不能确定我会在活血里行凶呀。这是因为在平时血液的防卫很严密，我很不易攻入。我就是偶尔到了活血里面，不久也会被血液里的守军杀退。

血液是那样密密地被包在血管里，围在皮肤和黏膜之内，我要侵入血流中，必先攻陷皮肤和黏膜。所以在平时皮肤的每一角落，黏膜的每一处空隙，都满布着我的伏兵，我在那里静候着趁机起事哩。

皮肤和黏膜的面积虽甚广大，处处却都有重兵把守。皮肤是那样坚韧而油滑，没有伤口便不能随便穿过。眼睛的黏膜有眼泪时常在冲洗，眼泪有极强大的杀菌力量，就是把它稀释到 1/40000，我也不敢在那里停留。不这样的话，你们的眼睛将要天天发红起肿了。呼吸道的黏膜又有纤毛，会扫荡我出来。胃的黏膜，会流出那酸溜溜的胃汁，来溶化我。

点拨

"每一个角落""每一处空隙""满布"三个词语生动形象地刻画了菌儿整装待发，时刻准备攻击人类皮肤的场景。我们要增强自身免疫力，身体才能防御病毒的入侵。

点拨

一滴眼泪本就不大，被稀释到 1/40000 后菌儿仍不敢停留，用列数字的方法更准确直观地说明眼泪杀菌效果有多强悍。

尿道和阴户的黏膜也有水流在冲洗，我也不能长久驻足。此外是鼻涕、痰和口津之类也都会杀害我。真是除了汗、尿，和人们不大看见的脑脊髓液，人和兽之群乃至于一切动物，乃至于有些植物，它们体内哪一种流液、哪一种组织不在严防我的侵略，使我没有抵抗的力量呀？

至于血，当然了，那是高等动物所共有的最丰富的流体，它的自卫力量更是雄厚了。

血，据科学先生的报告，凡体重在 150 磅 ❶ 左右的人都有 7 升的血，昼夜不息、循环不已地在奔流着，在荡漾着，在汹涌澎湃着。血，是略带碱性的流体，我在血水里闻到了蛋白质、糖类和脂肪的气味；我见到了钠的盐、钙的盐的结晶体；我尝到了"内分泌"和氧的滋味。

在血的狂流中，我又碰到了各种各样的血球在跳跃着，在滚来滚去地流动着。

我最常遇到的是像车轮似的血球，带点青黄的颜色，它的直径只有 7 微米半，它的体积只有 2 微米半，它的胞内没有核心，像一只一只粮船，满载着蛋白质和脂肪，在我的身旁掠过。我看它那又肥又美的胞体，我的饿火上冲了。我曾听科学先生说过，它的胞体里还有一种特殊的色料，叫作"血色素"，那是最珍奇的一种食宝。我远远地就闻见了动物的腥味，那就是从这血色素里所发出来的气味吧。我的少壮细胞爱吃人、兽之血，目的也就在它的身上吧。

但我在血的狂流中，又遇到了一群没有色素的血球。它们的胞体内却有了核心，那核心的形状又有好些种。有的核心蛮大的，几乎占满了血球的全身；有的核心是肾形的，有的核心的形状是凹凸不平的。它们这一群都是我的老对头，我在血中探险的时候，常受到它们的包围与威胁，它们会伸出伪足来抓我。

我又看到了一种卵形无色的小细胞，它有凝结血液的力量，我常被它绑住了。有人说它是白血球的分解体，叫它"血小板"。

还有一种一半是蛋白质，一半是脂肪的有色细粒，科学先生叫它"血尘"，大约它们就是死去的红血球的后身吧。

此外，更奇怪的是，我在血流中奔波的时候，我的细胞常中途而死，

运用打比方的说明方法，把血球比作粮船，生动形象地说明了血球对菌儿来说，不仅味美且食物储备丰富。

---

❶ 磅：英美制质量或重量单位，1磅约合0.4536千克。

不知是中了谁的暗算。后来，我才知道是所谓"抗体"之类无形的东西在和我作对呀。

血液是我所爱吃的，而血管的防卫是那么周密；红血球是我所爱吃的，而白血球的武力是那么可怕，每600粒红血球就有1粒白血球在巡逻着，保卫着它们！在这种情势之下，我有什么法子去抢它们来吃呢？我的经验指示我了：

第一，要看天时。在天气转变的时候，人、兽的身体骤然遇冷，他们皮肤和呼吸道的黏膜都瑟瑟缩缩地发抖起来，微血管里的血液突然退却，在这时候我的行军是较顺利的。或是外界的空气很潮湿，很温暖，我虽未攻入人体的内部，也能到处繁殖，所以在热带区域，在人、兽的皮肤上，常有疔疮、疖子之类的东西出现，那都是我驻兵的营地呀。

第二，要看地利。皮肤一旦受了刀伤枪伤而破裂，我就从这伤口冲入。有时人的皮肤偶为小小的针尖所刺，不知不觉地过了数小时之后，忽然作痛起来，一条红线沿着那作痛的地方上升，接着全身就发烧了，这就是我的先锋队已从这刺破的小孔进攻，而节节得胜了呀。

然而在抵抗力强盛的身体上，这是不常有的事。<u>在平时，我一冲进皮肤或黏膜以内，血液就如风起潮涌一般狂奔而来，涌来了无数的白血球，把我围剿了。</u>这就是动物身体发炎的现象，发炎是它们的一种伟大的抵抗力量啊！

但是身体虚弱的人，他们的抵抗力是很薄弱的，发炎的力量不足以应付危机。于是我就迅速地在人身的组织里繁殖起来了，更利用了血管的交通，顺着血水的奔流，冲到人身别的部分去了。有时千回百转的小肠大肠，会因食物的阻塞、外力的压迫而突然破裂，那时伏在肠腔里的我就趁势冲进腹膜里去，又由淋巴腺到淋巴管而辗转流到血的狂流中去。这是我由肠壁的黏膜而入于血的捷径。

我有时又在外物与腐体的掩护之下，攻入血中。我伏在外物或腐体里，白血球和其他的抗菌分子就不能直接和我作战了。<u>例如，在人类不知消毒的时代，产妇的死亡率很高，那就是因为我伏在产妇身上横行无忌的缘故。</u>

第三，要看我的群力。我进攻人身的内部，必须利用菌众的力量。

点拨

"围剿"本意是用武力将目标包围起来加以消灭。此处用来形容白血球抗击菌群侵入的场景，有力地证明白血球强悍的武力值。

点拨

以没有消毒水，产妇死亡率高的例子，生动地说明菌儿狡猾多变，喜欢利用外物和腐体打掩护入侵人体。

单靠着一粒一粒孤军无援的细胞作战，是不济事的。我必须用大队兵马来进攻。例如，人得伤寒之病，是因为他所吃的食物里，早就有我的菌众伏在那里繁殖了。

第四，要看我的战术。我要攻入血管，有时须勾结蚊子、臭虫和虱子之类的吮血虫做我的先驱，做我的桥梁。

第五，要看我的武器。我有时又使用毒素之类凶险的武器。那毒素是屠杀动物细胞最厉害无比的利器。我常伏在人、兽之身的一个小角落里施放这毒素。

总之不论用什么法子，从哪一个门户进攻，我的大队兵马一旦冲进了血管里面，占领了血河，在血的狂流中横冲直撞，战胜了白血球，压倒了抗体，解除了血液的武装，把一个一个红血球里的血色素尽量地吃光了，这个人的生命就不保了。

人死后，埋了拉倒，我可在那尸体里大餐大宴，那就是我的菌众庆功论赏的时候了。

不幸，近来殡仪馆的人，得到了消毒的秘诀，常把尸身浸在杀菌的药水里。又不幸，有些地方的民俗常用火葬，把尸体全烧成灰，那真是我的晦气。我不料在完全侵占了人身之后，竟同趋于灭亡，我全军覆没了。这也许是人类的焦土政策吧！

点拨

菌群攻占血管之后势如破竹，人体的免疫系统节节败退。可见我们平时要加强身体锻炼，提高自身抵抗力，才不会给菌群可乘之机。

阅读思辨

？1.菌儿可食的物品有很多，为什么偏偏喜欢在人、兽身上盘桓呢？

？2.血液虽然是菌儿的最爱，但白血球的防御严密，经验丰富的菌儿有没有破解的办法呢？请举例说明。

食道的占领

阅读提示

> 人类的食道是菌儿的最爱，菌儿的人体食道之旅惊险且刺激。口水滚烫，让菌儿站不住脚；胃汁灼烧刺激，使大多数菌儿殒命；小肠中的酸性也令菌儿举步维艰。只有来到大肠，才是菌儿真正的乐园，他们在此汲取养料，迅速繁殖。

谋食的问题真够复杂而矛盾的。

除了无情的水、无情的空气、无情的矿盐，一切生命的原料，都是有情的东西，都是有机体，都是各种生物的肉身。

地球上各种生物，都有吃东西的资格，也都有被吃的危险。不但大的要吃小的，小的也要吃大的。不但人类要宰鸡杀羊，寄生虫也要拿人血人肉来充饥。这不是复仇，不是报应，这是生物界的一贯政策，生存竞争。

点拨

用极生活化、极通俗的表述方式讲清楚了大自然的平衡之道。

在生物界中，我是顶小顶小的生物，但我要吃顶大顶大的东西，不，我什么东西都要吃，只要它不毒死我。一切大大小小的生物，都是我吃的对象。因此，我认为我谋食最便当的途径，就是到动物的食道上去追寻。我渺小的身体，哪一种动物的食道去不得？

为了食的追求，我曾走遍天下大小动物的食道。在平时，我和食道的老板，都能相安无事。我吃我的，它消化它的。有时，我的吃，还能帮助它的消化呢。牛羊之类吃草的动物，它们的肚肠里若没有我在帮助它们吃，那些生硬的草的纤维素，就不易消化啊。

但是有些动物的食道，我是不大愿意去走的。蝎儿的肠腔我怕它太阴毒，某种蠕虫的肚子我嫌它太狭窄。北极的白熊，印度的蝙蝠，它们的食道上，我也很少去光顾，因为我受不了不良环境与气候的威胁呀！

我到处奔走求食，在食道上有深久的阅历。我认为环境最优良、最丰腴的食道，要属人类的肚肠了。这在前面我已宣扬过了：

> 人类的肚肠，是我的天堂，
> 那儿没有干焦冻饿的恐慌，
> 那儿有吃不尽的食粮。

人类这东西，也是最贪吃的生物，他的肚子，就是弱小动植物的坟墓，生物到了他的口里，都早已一命呜呼了。独有我菌儿这一群，能偷偷地渡过他的胃汁，于是他肠子里的积蓄，就变成我的粮仓食库了。在消化过程中的菜饭鱼肉，就变成我的沿途食摊了。在这条大道上，我一路吃，一路走，冲过了一关又一关，途中风光景物，真是美不胜收，几乎到处都拥挤不堪，我真可谓饱尝人中的滋味了。

虽然我有时也曾厌倦了这种贵族式的油腻的生活，巴不得早点溜出肛门之外，然而在平时，我的大部分菌众，始终都认为人类的肠腑是我最美满的乐土，尤其是在这人类称霸的时代，地球上的食粮尽归他所统治，他的食道，实在是食物的大市场、食物的王国啊。我若离开他的身体再到别的地方去谋生，那最终是要使我失望的啊。

这种道理，我的菌众似乎都很明白，因此，不论远近，只要有机可乘，我就一跃而登人类的大口。这是占领食道的先声。

在他的大口里，就有不少食物的渣滓皮屑，都是已死去的动植物的细胞和细胞的附属品，在齿缝舌底之间填积着，可供我浅斟慢酌，我也可以兴旺一时了。然而，我在大口里，老是站不住脚的。口津如温泉一般地滚流不息，强盛的血液又使我战栗，吞食的动作又把我卷入食管里面去了。不然的话，我一旦得势，攻陷了黏膜，那张堂皇的大口，就要臭烂出脓了。

到了食管，顺着食管动荡的力量，长驱直入，我的先头部队，早已进抵胃的边岸了。"扑通"一声，我堕入黑洞洞、热滚滚、酸溜溜、毒辣辣的胃汁的深渊里去了。不幸我的大部分菌众都白白地浸死了。剩下了少数顽强的分子，它们有油滑的荚膜披体，有坚实的芽孢护身，冲过了这食道上最险恶的难关，安然到达胃的彼岸了。

有的人，胃的内部受了压迫，酿成了胃细胞怠工的风潮，胃汁的产量不足，酸度太淡，消化力不够强，我是不怕他的了，就是从来渡不过胃河的菌众，现在也都跟跄地过去了。

有的时候，胃壁上陡地长出一团团怪东西，是一种畸形的、多余的发育，科学先生给它一个特殊的名称叫作"癌"。"癌"，这不中用的细胞的大结合，我就毫不客气地占领了它，作为我攻入的特务机关了。

一越过了有皱纹的胃的幽门，食道上的景色就要一变，变成了重重叠叠的、有"绒毛"的小肠的景色了。酸酸的胃汁流到这里，就渐渐地减退了它的酸性。同时，黄黄的胆汁自肝来，清清的胰汁自胰腺来，黏黏的肠汁自肠腺里涌出，这些人体里的液汁，都有调剂酸性的本能。经过了胃的一番消化作用的食物，一到小肠，就渐渐成为中间性的食物了。中间性是由酸入碱必经的一个段落。在这个段落里，我就敢开始吃的劳作了。

不过，我还有所顾忌，就是那些食物身上还蕴蓄着不少的"缓冲的酸性"，随时都会发生动摇，而把大好的小肠，又有变成酸溜溜的可能。所以在小肠里，我的菌众仍是不肯长久居留，我仍是不大得意的啊！

蠕动的小肠，依照它在食道上的形势，和它的绒毛的式样，可分为三大段。第一段是十二指肠，全段只有十二个指头并排在一起那么长，紧接着是胃的幽门。第二段是空肠，食物运到这里，是随到随空的，不是被肠膜吸收，就是急促地向下推移。第三段是回肠，它的蜿蜒曲折千回百转的路途，急煞了混在食物里面的我，我的行动受了影响，而同时食物的大部分珍美的滋养料，也就在这里，都被肠壁的细胞提走了。

我辛辛苦苦地在小肠的道上，一段一段地推进，一步一步我的胆子壮起来了。不料刚刚走到了酸性全都消失的地方，好吃的东西，出其不意的，又都被人体的细胞抢去吃了。我深恨那肠壁四周的细胞。

小肠的曲折，到了盲肠的界口就终止了。盲肠是大肠的起点。在盲

点拨

连用四个ABB式形容词，刻画了一个黑暗滚烫、毒辣酸爽的胃汁环境，为下文菌众浸死做铺垫。

点拨

把"癌"比作菌儿攻入食道的"特务机关"，生动形象地点明了"癌"是菌儿攻击食道的帮凶。

点拨

运用分类别的说明方法，对小肠进行分门别类的说明，使小肠的排列直观地呈现在读者面前。

肠的小角落里，我发现了一条小小的死巷堂，是一条尾巴似的突出的东西，食物偶尔坠进去，就不得出来。我也常常占领了它作为攻入的战壕，因此"人山"上就发生了盲肠炎的恐慌。

到了大肠了。大肠是一条没有绒毛的平坦大道，在"人山"的腹部里面绕了一个大弯。已经被小肠榨取了精华的食物，到了这里，只配叫作食渣了。这食渣的运输极其迟缓，愈积愈多，拥挤得几乎透不过气。我伏在这食渣上，顺着大肠的趋势，慢慢儿往上升，慢慢儿横着走，慢慢儿向下降，过了乙状结肠，到了直肠，这是食道上最后的一站，就望见肛门之口，别有一番天地了。

食渣一到了大肠的最后一段，一切可供为养料的东西，都已被肠膜的细胞和我的菌众洗劫一空了，所剩下的只是我无数万菌众的尸身和不能消化的残余，再染上胆汁之类的彩色，简直只配叫作屎了。"屎"这不雅的名称，倒有一点写实的意思呀。

多事的科学先生，曾费了一番苦心去研究屎的内容，他们发现了屎的总量的 1/4～1/3 都是尸，尸就是指我而言。据说，我的菌群，从成人的肛门口所逃出的，每天总有 8 克重量的我，真不算少，估计起来，约有 128 000 000 000 000 000 000 之多的菌尸。128 之后，又拖上了 18 个零，这数字是多么惊人。由此可以想见大肠里的情形是如何的热闹了。

然而，在十二指肠的时候，我新从死海里逃生，我的神志犹昏昏沉沉，我的菌数，殆寥寥无几，这些大肠里异常热闹的菌众，当然是到了大肠之后才繁殖出来的。我的先头部队，只需在每一群中，各选出几位有力的代表，做开路的先锋，以后就可以生生世世坐在肠腔里传子传孙了。

在我的先头部队之中，最先踏进肠口的，是我的一个最可疼的孩子。它是不怕酸的一员健将，它顶顶爱吃的东西就是乳酸。它常在乳峰里鬼混，它混在乳汁里面悄悄地冲进婴儿的食道里来了。在婴儿寂寞的肠腔里，感到孤独悲哀而呻吟的，就是它。它还有一位性情相近的兄弟，那是从牛奶房里来的，也老早就到"人山"的食道上了。

在婴儿没有断乳以前的肠腔，这两兄弟出了十足的风头，红极一时。婴儿一断了乳，四方的菌众都纷纷而至，要求它俩让出地盘。它们一失

点拨

运用列数字的方法，具体准确地说明了菌尸数量之多，"约有"一词更见用词的严谨，增强文章的说服力。

了势，从此就沉默下去了。

这些后来的菌众之中，最值得注意的是我的两个最出色的孩子，这两个都是爱吃糖的孩子。它们吃过糖之后，就会使那糖发酵。发酵是我菌儿特有的技能。为了发酵，不知惹出了多少闲气来，这是后话不提。

这两个孩子，一个就是鼎鼎大名的"大肠杆菌"，看它的名字，就晓得它的来历。它的足迹走遍了天下动物的肚肠，只有鱼儿蛤儿之类冷血动物的肠腔，它似乎住不惯。科学先生曾举它做粪的代表，它在哪儿，哪儿便有沾了粪的嫌疑。

那另一个，也有游历全世界肚肠的经验。它身上是有芽孢的，它的旅行更是顺利了。不过，它有一种怪脾气，爱在黑暗没有空气的角落里过日子，有新鲜空气的地方，反而不能生存下去。这是"厌氧菌"的特色。肚肠里的环境，恰恰适合了这种奇怪的生活条件。

我的孩子们有这种怪脾气的很多，还有一个，也在肚肠里谋生。它很淘气，常害人得"破伤风"的大病，在肠腔里，它却不作怪。中国北平工人的肠腔就收留了不少它的芽孢。这大概是由于劳苦的工人多和土壤接近的缘故吧！我的这个孩子本来伏在土壤里面。尤其是在北平，大风刮起漫天的沙尘，人力车夫张着大口喘息不定地在奔跑，它的机会就来了。

其实，我要攀登"人山"上食道的机会，真多着哪！哪一条食道不是完全公开的呢？<u>我的孩子们，谁有不怕酸的本领，谁能顽强抵抗人体的攻击，谁就能一垫一垫冲进去了。</u>在这"人山"正忙着过年节的当儿，我的菌众就更加活跃了。

我虽这样占领了食道，占领了人类的肚肠，仍逃不过科学先生灼灼似贼的眼光。有时人们会叫肚子痛，或大吐大泻，于是他们的目光又都射到我的身上了，又要提我到实验室审问去了。那胡子的门徒又在作法了，号称天堂的肚肠，也不是我的安乐窝了。唉！我真晦气！

肠腔里的会议

阅读提示

　　肠腔的集会中出席的嘉宾一共有八位，分别是：大肠的主人翁大肠杆菌，吃糖产酸的代表乳酸杆菌，讨厌氧气的厌氧杆菌，性情温和的吃屎链球菌，活泼好变的变形杆菌，素食主义者枯草菌群，娇生惯养的螺旋儿，酿酒专家霉儿和酵儿。他们各有各的本领，下面就让我们看看他们开会讲了些什么吧。

阅读笔记

崎岖的食道，纷乱的肠腔，

我饱尝了糖类和蛋白质的滋味。

我看着我的孩子们，一群又一群，

齐来到幽门之内，开了一个盛大的会议，

有的鼓起芽孢，有的舞着鞭毛，

尽情地欢宴，

尽量地欢宴。

天晓得，乐极悲来，好事多磨，

突然伸来科学先生的怪手，

我又被囚入玻璃小塔了；

无情之火烧，毒辣之汁浇，

我的菌众一一都遭难了。

烧就烧，浇就浇，我是始终不屈服！

他的手段高，我的菌众多，我是永远不屈服！

这肠腔里的会议是值得纪念的。

这肠腔里的"菌才"是济济一堂的。

从寂寞婴儿的肠腔，变成热闹成人的肠腔，我的孩子们，先先后后来到此间的一共有八大群，我现在一群一群地来介绍一下吧。

俨然以大肠的主人翁自居的"大肠杆菌"；酸溜溜从乳峰之口奔下来的"乳酸杆菌"；以不要现成的氧气为生存条件的"厌氧杆菌"；这三群孩子我在前一章已经提出，这里不再啰唆了。其他的五大群呢？它们也曾在肠腔里兴旺过一时。

第四群，是"链球儿"那一房所出的，它的身子是那样圆圆的小球儿似的，有时成串，有时成双，有时单独地出现。科学先生看见它，吃了一惊，后来知道它在肚子里并不作怪，就给它起了一个绰号，叫作"吃屎链球菌"。链球菌这三字多么威风！这是承认它是肺港之役曾出过风头的吃血链球菌的小兄弟了。而今乃冠之以吃屎，是笑它的不中用，只配吃屎了。我这群可怜的孩子，是给科学先生侮辱了。然而这倒可以反映出它在肠腔里的地位啊！

点拨

此按补充说明杀人不眨眼的吃血链球菌在肚子里竟然不如吃屎链球菌，从侧面衬托出吃屎链球菌的本事非同一般。

> **笔记先生按**：最近国民政府有一位姓朱的大将军，据说因为打补血针的时候不当心，血液中毒，得了败血症而死了。那闯进他的血管里面，屠杀他的血球的凶手，就是那著名的吃血链球菌呀！而那吸血的"链球菌"，它也曾被吞到肚子里去，不过，肚子里的环境是不容许它有什么暴动的，所以在肚子里它反不如它的小兄弟——吃屎链球菌那样活跃。这在菌儿是不好意思直说出来的啊。

点拨

称变形杆菌为腐体寄生物的"小霸王"，足以见得他对酸臭腐烂环境爱之深。

第五群，是"化腐杆儿"那一房所出的，它的小棒儿似的身体，蛮像大肠杆菌，不过，它有时变为粗短，有时变为细长，因此科学先生称它"变形杆菌"。它浑身都是鞭毛，因此它的行动极其迅速而活泼。它好在阴沟粪土里盘桓，一切不干净的空气、不漂亮的水，常有它的踪迹。它爱吃的尽是些腐肉烂尸及一切腐败的蛋白质，它真是腐体寄生物中的小霸王。它在哪儿，哪儿便有腐臭的嫌疑。它闻到了这肠腔里臭味冲天，料到这儿有不少腐烂的蛋白质堆积着，因此它就混在剩余的肉汤菜渣里滚进来了。

在肠腔里，它虽能安静地干它化解腐物的工作，但它所化解出来的东西，往往含有一点儿毒质，而使肠膜的细胞感到不安。科学先生疑它和胃肠炎的案件有关，因此它就屡次被捕了。如今这案件还在争讼不已，真是我这孩子的不幸。

第六群，是"芽孢杆儿"那一房所出。也是小棒儿似的样子，它的头上却长出一颗坚实的芽孢。它行动飞快，所占地盘也很大，乡村的土壤和城市的空气中，都寻得着它。它爱喝的是咸水，爱吃的是枯草烂叶。它也是有名的腐体寄生物，不过它的寄生多数都是植物的后身，因此科学先生呼它为"枯草杆菌"。它大概是闻知了这肠腔里有青菜萝卜的气味，就紧抱着它的芽孢，而飘来这里借宿了。有那样坚实的芽孢，胃汁很难浸死它，它这一群冲进幽门的着实不少啊。

在新鲜的粪汁里，科学先生常发现一大堆它的芽孢。它又常到实验室里去偷吃玻璃小塔中的食粮，因此实验室里的掌柜们都十分讨厌它。但因为它毕竟是和平柔顺的分子，在大人先生的肚子里并没有闹过乱子，科学先生待它也特别宽容，不常加以逮捕。这真是这吃素的孩子的大幸。

第七群，是"螺旋儿"那一房所出。它的态度有点不明，而使科学先生狐疑不定。它一被科学先生捉了去，就坚决地绝食以反抗，所以那玻璃小塔里，是很难养活它的。后来还亏东方木屐国有一位什么博士，用活肉活血来请它吃，它的真相乃得以大明。它的像螺丝钉一般的身子，弯了一弯又一弯，真是在高等动物的温暖而肥美的血肉里娇养惯了，一旦被人家拖出来，就那样难养。大概我的孩子们过惯了人体舒适的生活的，都有这样古怪的脾气，而这脾气在螺旋儿这一群，是显得格外厉害的了。

虽然，我这螺旋儿，有时候因为寻不着适当的人体公寓，暂在昆虫小客栈里借宿，以昆虫为"中间宿主"。在形态上，在性格上本来已经有"原动物"的嫌疑的它，更有什么中间宿主这秘密的勾当，愈发使科学先生不肯相信它是我菌儿的后裔了。于是就有人居间调停了，叫它作"螺

点拨

需要活肉活血才能养活，螺旋儿娇生惯养的特性暴露无遗。

045

旋体"，说它是生物界的中立派，跨在动植物两界之间。这些都是科学先生的事，我何必去管。

我只晓得，它和我的其他各群孩子们过从很密。在口腔里，在牙龈上，在舌底下，我们时常会见到。在肠腔里，我们也都在一块儿住，一块儿吃，它也服服帖帖地并不出奇生事。要等它溜进血川血河里，这才大显其身手，它原是血水的强盗。

第八群，是"酵儿"和"霉儿"。它们并不是我自己的孩子，而是我的大房、二房兄弟所出，算起来还是我的侄儿哩。它们都是制酒发酵的专家。不过它们也时常到人类肚子里来游历，所以在这肠腔里集会的时候，它也列席了。

那酵儿在我族里算是较大的个子，它那像小山芋似的胖胖的身子是很容易认得的。它的老家是土壤，它常伏在马蜂、蜜蜂之类的昆虫的脚下飞游，有时被这些昆虫带到了葡萄之类的果皮上。它就在那儿繁殖起来，那葡萄就会变酸了，它也就是从这酸葡酸茶之类的食物滚进"人山"的口洞里来了。酒桶里没有它，酒就造不成，这在中国的古人早就知道了，不过看不出它是活生生的生物罢了。它的种类也很多，所造出来的酒也各不相同。法国的酒商曾为这事情闹到了胡子科学先生的面前。

那霉儿，它的身子像游丝似的，几个十几个细胞连在一起。它是无所不吃的生物，它的生殖力又极强，气候的寒热干湿它都能忍耐过去，尤其是在四五月之间毛毛雨的天气里，它最盛行了。因此它的地盘之大，我们的菌众都比不上它。它有强烈的酵素，它所到的地方，一切有机体的内部都会起变化，人类的衣服、家具、食品等的东西都给它毁损了。然而它的发酵作用并不完全有害，人类有许多工业都靠着它来维持哩。

关于这两群孩子的事实还很多，将来也要请笔记先生替它们立传，我这里不过附带声明一声罢了。

以上所说的八大群的菌众，先后都赶到大肠里集会了。

"乳酸杆儿"是吃糖产酸那一房的代表。

"大肠杆儿"是在肠子里淘气的那一房的代表。

"厌氧杆儿"是讨厌氧气那一房的代表。

"吃屎链球儿"是球族那一房的代表。

点拨

凡事都有两面性，虽然有些菌群会攻击人、兽的身体，甚至给人带来性命之忧。但霉儿和酵儿却为人类酿造美酒，助益工业发展。

"化腐杆儿"是吃死肉那一房的代表。

"芽孢杆儿"是吃枯草烂叶那一房的代表。

"螺旋儿"是螺旋那一房的代表。

"酵儿"和"霉儿"是发酵造酒那两房的代表。

这八群虽然不足以代表大肠的全体菌众，但是它们是大肠里最活跃、最显著、最有势力的分子了。

在前几章的自传里，我并没有谈到我自己的形态，在本章里我也只略略地提出。那是因为那些没有福气看到显微镜的大众，总没有机会见到我，我就是描写得非常精细，你们的脑袋里也不会得到深刻的印象啊。在这里，你们只须记得我的三种外表的轮廓就得了：就是球形、杆形和螺旋形三种啊。

还有芽孢、荚膜、鞭毛也是我身上的特点，这里我也不必详细去谈。

然而，我认为你们应当格外注意的，就是我在大肠里面是怎样的吃法，这可是和你们的身体很有利害关系啊。

我这八群的孩子，它们的食癖，总说起来可分为两大党派：一派是吃糖，糖就是碳水化合物的代表；一派是吃肉，肉是蛋白质的代表。

它们吃了糖就会使那糖发酵变酸。

它们吃了肉就会使那肉化腐变臭。

这酸与臭就是我的生理化学上的两大作用呀。

然而大肠里蛋白质与碳水化合物的分布是极不平均的。和尚尼姑的大肠里大约是糖多，阔佬富翁的大肠里大约是肉多。

糖多，我的爱吃糖的孩子们，如乳酸杆儿之群，就可以勃兴了。

肉多，我的爱吃肉的孩子们，如变形杆儿之群，就可以繁盛了。

乳酸杆儿勃兴的时候，是对你们大人先生的健康有益的，因为它吃了糖就会产出大量的酸。在酸汁浸润的肠腔里，吃肉的菌众是永远不会得志的，而且就是我那一群淘气的野孩子们，偶尔闯进来，也会立刻被酸扫灭了。所以在乳酸杆儿极度繁荣的肠腔里，"人山"上是不会发生伤寒病之类的乱子的。所以今天的科学医生常利用它来治疗伤寒。

伤寒的确是你们极可怕的一种肠胃的传染病，是我的一群凶恶的野孩子在作祟。这野孩子就是大肠杆儿那一房所出的。在烂鱼烂肉那些腐

点拨

　　菌群的食癖便是我们在饮食中需要规避的。这里间接地提醒我们切勿贪食。

败的蛋白质的环境里，它就极容易发作起来。害人得痢疾的野孩子也是这一房所出的。害人得急性胃肠病的也是这一房所出的。它们都希望有大量的肉渣鱼屑，从胃的幽门运进来。还有霍乱那极淘气的孩子，也是这样的脾气。霍乱、痢疾、伤寒这三个难兄难弟和中国人是很有来往的，我不高兴去多谈它们了。

就算这些野孩子不在肠腔里的时候，如果肠腔里的蛋白质堆积得过多，别的菌众也会因吃得过火，而使那些蛋白质化解成为毒质。

专会化解蛋白质成为毒质的，要算是著名的"腊肠毒杆儿"了，这杆儿是我的厌氧那一房孩子所出的。这些厌氧的孩子们，身上也都带着坚实的芽孢，既不怕热力的攻击，又不怕酸汁的浸润，很容易就给它溜进肠腔里来了。

那八大群的菌众是肠腔会议中经常出席的，这些淘气的野孩子们是偶尔进来列席旁听的。我们所讨论的议案是什么？那是要严守秘密的啊！

不幸这些秘密都被胡子科学先生的徒子徒孙们一点一点地查出来了。

于是这八大群的孩子们，淘气的野孩子们以及其他的菌众一个个都银铛银铛地入狱，被拘留在玻璃小塔里面了。

科学先生这是要研究出对付我们的圆满的办法啊。

点拨

肉渣鱼屑、腐鱼烂肉是菌群的最爱，为了预防疾病，我们要远离腐烂食物。只有知己知彼，面对菌群才能做到百战不殆。

阅读思辨

? 1.大肠里最活跃、最显著、最有势力的分子是哪些？他们分别有什么特点？

? 2.本节介绍的成人肠腔中的八大群菌群并非全部由菌儿所出，请指出哪一群非菌儿所出。

清除腐物

阅读提示

　　37摄氏度的人兽体温是最适宜菌儿生活的温度，坚硬的土地也是他们工作的场所。至此章菌儿的另一重身份才真正揭晓——大地的清洁工，数以万计的菌儿汇集起来可以排山倒海、呼风唤雨、化腐朽为神奇。这一切都要归功于菌儿的随身法宝——酵素。

真想不到，我现在竟在这里，受实验室的活罪。

科学的刑具架在我的身上，

显微镜的怪光照得我浑身通亮；

蒸锅里的热气烫得我发昏，

毒辣的药汁使我的细胞起了溃伤；

亮晶晶的玻璃小塔里虽有新鲜的食粮，

那终究要变成我生命的屠宰场。

从冰箱到暖室，从暖室又被送进冰箱，

三天一审，五天一问，

侦查出我在外界怎样地活动，

揭发了我在人间行凶的真相。

于是科学先生指天画地地公布我的罪状，

口口声声大骂我这微生物太荒唐，

自私的人类，都在诅咒我的灭亡，

一提起我的怪名，

点拨

　　菌儿声泪俱下的痛诉向我们暴露了他的软肋：不喜热、不适应冷，且无力抵御药汁的浇灌。

049

他们不是怨天，就是"尤人"（这人是指我）！

"怨天"就是说："天既生人，为什么又生出这鬼鬼祟祟的细菌，暗地里在谋害人命？"

"尤人"就是说："细菌这可恶的小东西，和我们势不两立，恨不得将天下的细菌一网打尽！"

这些近视眼的科学先生和盲目的人类大众，都以为我的生存是专跟他们作对似的，其实我哪里有这等疯狂？

他们抽出片断的事实，抹杀了我全部的本相。

我真有冤难申，我微弱的呼声打不进大人先生的耳门。

现在亏了有这位笔记先生，自愿替我立传，我才得向全世界的人民将我的苦衷宣扬。

我菌儿真的和人类势不两立吗？这一问未免使我的小胞心有点辛酸！

天哪！我哪里有这样的狠心肠，人类对我竟生出这样严重的恶感。

在生存竞争的过程中，哪个生物没有越轨的举动？人类不也在宰鸡杀羊、折花砍木，残杀了无数动物的生命，伤害了无数植物的健康吗？而今那些传染病爆发的事件，也不过是我那一群号称"毒菌"的野孩子们，偶尔为争食而突起的暴动罢了。

正如人群中有帝国主义者，兽群中有猛虎毒蛇，我菌群中也有了这狠毒的病菌。它们都是横暴的侵略者，残酷的杀戮者，阴险的集体安全的破坏者，真是丢尽了生物界的面子！闹得地球不太平！

我那一群野孩子们粗暴的行为虽时常使人类陷入深沉的苦痛，这毕竟是我族中少数不良分子的丑行，败坏了我的名声。老实说这并不是我完全的罪过啊！我菌众并不都是这么凶呀！

我那长年流浪的生活，踏遍了现在世界一切污浊的地方。在臭秽中求生存，在潮湿处传子孙，与卑贱下流的东西为伍，忍受着那冬天的冰雪，被困于那燥热的太阳，无非是要执行我在宇宙间的神圣职务。

我本是土壤里的劳动者，大地上的清道夫，我除污秽，解固体，变废物为有用物。

有人说，我也就是废物的一分子，那真是他的大错、他对于事实的蒙昧了。

我飞来飘去，虽常和腐肉烂尸枯草朽木之类混居杂处，但我并不同流合污，不做废物的傀儡，而是它们的主宰，我是负有清除它们的使命的啊！

喂！自命不凡的人类啊！不要藐视了我这低级的使命吧！这世界是集体经营的世界！不是上帝或任何独裁者所能一手包办的！地球的繁荣是靠着我们全体生物界的努力！我们无贵无贱的都要共同合作的啊！

在生物界的分工合作中，我菌儿微弱的单细胞所尽的薄力，虽只有看不见的一点一滴，然而我集合无限量的菌众，挥起伟大的团结力量，也能移山倒海，也能呼风唤雨呀！

点拨

菌儿的控诉为我们人类敲响了警钟：不要以主宰者自居，万物平等，地球家园需要所有生物的共同守护。

> 我移的是土壤之山，
>
> 我倒的是废物之海，
>
> 我呼的是酵素之风，
>
> 我唤的是氮气之雨。

我悄悄地伏在土壤里工作，已经历过数不清的年头了。我化解了废物，充实了土壤的内容，植物不断地向它榨取原料，而它仍能源源地供给不竭，这还不是我的功绩吗？

我怎样化解废物呢？

我有发酵的本领，我有分解蛋白质的技能，我又有溶解脂肪的特长啊。

在自然界的演变途中，旧的不断地在毁灭，新的不断地从毁灭的余烬中诞生。我的命运也是这样。我的细胞不断地在毁灭与产生，我是需要向环境索取原料的。这些原料大都是别人家细胞的尸体。人家的细胞虽死，但内容的滋养成分不灭，我深明这一点。但我不能将那死气沉沉的内容，不折不扣地照原样全盘收纳进去。我必须将它的顽固内容拆散，像拆散一座破旧的高楼，用那残砖断瓦、破栋旧梁，重新改建好几所平房似的。

因此，我在自然界里面，有一大部分的职务便是整天整夜地坐在生物的尸身上，干那拆散旧细胞的工作。虽然有时我的孩子们因吃得过火，连那附近的活生生的细胞都侵犯了。这是它们的唐突，这也许就是我菌儿所以开罪于人类的原因吧！

那些已死去的生物的细胞，多少总还含点蛋白质、糖类、脂肪、水、无机盐和活力素六种成分吧。这六种成分，我的小小而孤单的细胞里面，也都需要着，一种也不能缺少。

这六种中间，以水和活力素最容易消失，也最容易吸收，其次就是无机盐，它的分量本来就不多，也不难穿过我的细胞膜。只有那些结构复杂而又坚实的蛋白质、糖类和脂肪等，我才费尽了力气，将它们一点一点地软化下去，一丝一丝地分解出来，变成了简单的物体，然后才能引渡它们过来，作为我新细胞建设与发展的材料。

是蛋白质吧，它的名目很多，性质各异，我就统统要使它一步一步地返本归元，最后都化成了氨、一氧化氮、硝酸盐、氮、硫化氢、甲烷，乃至于二氧化碳及水，如此之类最简单的成分了。

这种工作，有个专门名词，叫作"化腐作用"，把已经没有生命的腐败的蛋白质，化解走了。这时候往往有一阵怪难闻的气味，冲进旁观的人的鼻孔里去。

于是那旁观的人就说："这东西臭了，坏了！"

那正是我化解腐物的工作最有成绩的当儿啊！担任这种工作的主角，都是我那一群"厌氧"的孩子们。它们无须氧的帮忙，就在黑暗潮湿的角落里，腐物堆积的地方，大肆活动起来！

是糖类吧，它的式样也有多种，结构也各不相同，从生硬的纤维素、顽固的淀粉到较为轻松的乳糖、葡萄糖之类，我也得按部就班地逐渐把它们解放了，变成了酪酸、乳酸、醋酸、蚁酸、二氧化碳及水之类的基本物质了。

是脂肪吧，我就得把它化成甘油和脂酸之类的初级分子了。

蛋白质、糖类和脂肪，这许多复杂的有机物，都是以碳为中心。碳在这里实在是各种化学元素大团结的枢纽。我现在要打散这个大团结，使各元素从碳的连锁中解放出来，重新组织适合于我细胞所需要的小型

点拨

至此菌儿的真面目才渐渐浮出水面。他不只是病毒的发源体，也是大自然的清洁工。

点拨

"一点一点""一丝一丝"两个词语生动、形象、具体地阐释了菌儿工作的繁杂、工作量的繁重。

点拨

黑暗潮湿的环境使厌氧菌肆意滋生，而大量繁殖的厌氧菌成为化腐工作的主力军。

有机物，这种分解的工作，能使地球上一切腐败的东西，都现出原形，归还土壤，使土壤的原料无缺。

我生生世世，子子孙孙，都在这方面不断努力着，我所得的酬劳，也只是延续了我种我族的生命而已。而今，我的野孩子们不幸有越轨的举动，竟招惹人类永久的仇恨！我真抱憾无穷了。

然而有人又要非难我了，说："腐物的化解，也许是'氧化'作用吧！你这小东西连一粒灰尘都抬不起，有什么能力，用什么工具，竟敢冒称这大地上清除腐物的成绩都是你的功劳呢？"关于这问题，19世纪的科学先生曾闹过一番热烈的论战。

在这里最能了解我的，还是那我素来所憎恨的胡子先生。他花了许多年的工夫，埋头苦干做实验，结果他完全证实了发酵和化腐的过程并不是什么氧化作用。没有我这一群微生物在活动，发酵是永远发不成功的啊！

我有什么特殊的能力呢？

我的细胞里面有一件微妙的法宝。

这法宝，科学先生叫它"酵素"，中文的译名有时又叫作"酶"，大约这东西总有点酒或醋的气息吧！

这法宝，研究生理化学的人，早就知道它的存在了。可惜他们只看出它的活动的影响，看不清它的内容的结构，我的纯粹酵素人们始终不能把它分离出来。因此多疑的科学先生又说它有两种了：一种是有生机的酵素，一种是无生机的酵素。

那无生机的酵素，是指"蛋白酶""淀粉酶"之类那些高等动植物身上所有的分泌物。它们无须活细胞在旁监视，也能促进化解腐物的工作。因此科学先生就认为它们是没有生机的酵素了。

那有生机的酵素，就是指我的细胞里面所存的这微妙的法宝。在酒桶里，在醋瓮里，在腌菜的锅里，胡子先生的门徒们观察了我的工作成绩，以为这是我的新陈代谢的作用，以为我这发酵的功能是我细胞全部活动的结果，因而以为我菌儿的本身就是一种有生机的酵素了。

我在生理化学的实验室里听到了这些理论，心里怪难受的。

酵素就是酵素，有什么有生的和无生的可分呢？我的酵素也可以从

点拨

科学先生总能在关键时刻出现，正是他们的潜心研究、善于观察、积极探索才能让我们认识到未知领域的奇妙。

我的细胞内部榨取出来，那榨取出来的东西，和其他动植物体内的酵素原是一类的东西。是酵素总是细胞的产物吧。虽是细胞的产物，它却都能离开细胞而自由活动。它的行为有点像化学界的媒婆，它的光顾能促成各种化学分子加速度地结合或分离，而它自己的内容并不起什么变化。

在化学反应的过程中，这酵素永远是站在第三者的地位，保持着自己的本来面目。然而它却不守中立，没有它的参加，化学物质各分子间的关系，不会那样紧张，不会引起很快的突变，算是有激起化学的变化之功了。

没有酵素在活动，全生物界的进展就要停滞了。尤其是苦了我！它是我随身的法宝。失去它，我的一切工作都不能进行了。

虽然，我也只觉着它有这神妙的作用。我有了它，就像人类有了双手和大脑，任何艰苦的生活，都可以积极地去克服。有了它，蛋白质碰到我就要疏松，糖类碰到我就要分散，脂肪碰到我就要溶解，都成为很简单的化学品了。有了它，我又能将这些简单的化学品综合起来，成为我自己的胞浆，完成我的新陈代谢工作，实践我清除腐物的使命了。

这样一说，酵素这法宝真是神通广大了。它的内容结构究竟是怎样的呢？这问题，真使科学先生煞费苦心了。

有的说：酵素的本身就是一种蛋白质。

有的说：这是所提取的酵素不纯净，它的身体是被蛋白质玷污了，它才有蛋白质的嫌疑呀！

又有的说：酵素是一个活动体，拖着一只胶性的尾巴，由于那胶性尾巴的勾结，那活动体才得以发挥它固有的力量啊！

还有的说：酵素的活动是一种电的作用。譬如我吧，我之所以能化解腐物，是由于以我的细胞为中心的"电场"，激活了那腐物基质中的各化学分子，使它们阴阳颠倒，而使它们内部的结构发生变动了。

这真是越说越玄妙了！

本来，清除腐物是一个浩大无比的工程。腐物是五光十色无所不包，因而酵素的性质也就复杂而繁多了。每一种蛋白质，每一种糖类，每一种脂肪，甚而至于每一种有机物，都需要特殊的酵素来分解。属于水解作用的，有水解的酵素；属于氧化作用的，有氧化的酵素；属于复位作

点拨

把酵素比作化学界的媒婆，生动形象地解释了酵素具有自身不发生反应，但可以帮助他物结合或分离的特点。

点拨

关于酵素的结构众说纷纭，说明科学研究任重道远，还有大片未知和未解的领域。

用的，有复位的酵素。举也举不尽了。这些错综复杂的酵素，自然不是我那一颗孤单的细胞所能兼收并蓄的。这清除腐物的责任，更非我全体菌众团结一致地担负起来不可！

酵素的能力虽大，它的活动却也受了环境的限制。环境中有种种势力都足以阻挠它的工作，甚至破坏它的完整。

环境的温度就是一种主要的势力。在低温度里，它的工作甚为迟缓，温度一高过 70℃，它就很快地感受到威胁而停顿了。35℃~50℃之间，是它最活跃的时候。不过，我有一种分解蛋白质的酵素，能短期地经过沸点热力的攻击而不灭，那是酵素中最顽强的一员了。

此外，我的酵素，也怕阳光的照耀，尤其怕阳光中的紫外线，也怕电流的振荡，也怕强酸的浸润，也怕汞、镍、钴、锌、银、金之类的重金属的盐的侵害，也怕……

我不厌其详地叙述酵素的情形，因为它是生物界一大特色，是消化与抵抗作用的武器，是细胞生命的靠山，尤其是我清除腐物的巧妙工具。

点拨

> 菌儿虽小，威力甚大。他既是破坏人体的坏分子，也是保护环境、打扫地球家园的清洁工。任何生命都有他独到的生存哲学。

　　我的一呼一吸一吞一吐，

　　都靠着那在活动的酵毒，

　　那永远不可磨灭的酵素。

　　然而，在人类的眼中，它又有反动的嫌疑了。

　　那溶化病人血球的溶血素，不也是一种酵素吗？

　　那麻木人类神经的毒素，不也是酵素的产物吗？

　　这固然是酵素的变相，我那一群野孩子是吃得过火，

　　请莫过于仇恨我，这不是我全体的罪过。

　　您不见我清除腐物的成绩吗？

　　我还有变更土壤的功业呢！

　　这地球的繁荣还少不了我，

　　我的灭绝将带给全生物界以难言的苦恼，

　　是绝望的苦恼！

土壤革命

阅读提示

　　土壤中的绝大多数植物和菌儿一样是坚定的土壤革命者，但也有很多小动物有反动动机，更有甚者威胁菌儿的生命安全。因此，土壤革命者菌儿对土壤中动植物的态度截然不同：原虫为他所痛恨，线虫为他所讨厌，昆虫为他所望而生畏；菌儿对苔藓不敢高攀，视酵霉为同志，与放线菌情投意合。

点拨

　　土壤养育了菌儿，菌儿也反哺着土壤，两者形成互相依存的关系。

土壤，广大的土壤，是我的祖国，是我的家乡，

我从不知道什么时候起，就把生命隐藏在它的怀中，

我在那儿繁殖，我在那儿不停地工作，

那儿有我永久吃不尽的食粮。

有时我吃完了人、兽的尸肉，就伴着那残余的枯骨长眠；

有时我沾湿了农夫的血汗，就舞起鞭毛在地面上游行。

在神农氏没有教老百姓耕种的时候，

我就已经伏在土中制造植物的食料。

有我在，荒芜的土地可变成富饶的田园；

失去我，满地的绿意，一转眼，都要满目凄凉。

蒙古的沙漠，一片枯黄，

就因为那儿，我没有立足的地方。

在有内容的泥土里，我不曾虚度一刻的时辰，

都为着植物的繁荣，为着自然界的复兴。

有时我随着沙尘而飞扬，叹身世的飘零；

有时我踏着落叶，乘着雨点而下沉；

有时我从肚肠溜出，混在粪中，颠沛流离；

经过曲曲折折的路途，也都回到土壤会齐。

我在地球上虽是行踪不定，

我在土壤里却负有变更土壤的使命。

变更土壤就是一种革命的工作，

是破坏和建设兼程并进的工作。

这革命的主力虽是我的活动，

也还有不少其他杂色的成员。

土壤，广大的土壤，原是微生物的王国，

并且，是微生物的联邦。

有小动物之邦，有小植物之邦。

在小动物之邦里，有我所痛恨的原虫[1]，有我所讨厌的线虫，有我所望而生畏的昆虫。

在小植物之邦里，有我所不敢高攀的苔藓，有我所引为同志的酵霉，有我所情投意合的放线菌。

这些形形色色的分子，有些是反动的，有些是前进的。

看哪！那原虫，我在"人山"上旅行的时候，已经屡次碰见了。在肚肠里，酿成一种痢疾的祸变的，不就是变形虫的家属吗？在血液里，闹出黑热病的乱子的，不就是鞭毛虫的亲族吗？变形虫和鞭毛虫都是顶凶顶狠毒的原虫。它们和我的那一群不安分的野孩子的胡闹，似乎是连成一气的。

它们不但在谋害高贵的人命，连我微弱的胞体也要欺凌。我正在土壤里工作的时候，老远就望见它们了。那耀武扬威的伪足，那神气十足的粗毛，汹汹然而来，好不威风。只恨我，受了环境的限制，行动不自由，尽力爬了24小时，爬不到1英寸[2]，哪里回避得及，就遭它们的毒

点拨

菌儿努力爬行 24 小时的长度竟然不足 1 英寸，从侧面反映出菌儿的不易。

---

[1] 原虫：病原虫。

[2] 英寸：英美制长度单位，1 英寸 ≈ 2.54 厘米。

手了。

这些可恶的原虫儿们所盘伏的地层，也就是我所盘伏的地层。在每一克重的土块里，它们的群众，有时多至 100 万以上，少的也有好几百，其中以鞭毛虫占多数。它们的存在，给我族的生命以莫大的威胁。它们真是我的死对头。

看哪！那线虫，也是一种阴险而凶恶的虫族，其中吸血的钩虫尤凶。它借土壤的潜伏所，不时向人类进攻。中国的农民受它残害的真不知有多少。它真是田间的大患。这本与我无干，我在这里提一声，免得你们又来错怪我土壤里的孩子们了。

看哪！那昆虫，如蚯蚓蚂蚁之徒，是土壤联邦显要的居民。它们的块头颇大，面目狰狞，有些可怕，钻来钻去，骚扰地方，又有些讨厌。

点拨

我们人类眼中渺小的蚂蚁、蚯蚓在菌儿眼中竟是庞然大物。看来小和大并不是绝对的，我们要学会用辩证的眼光看待事物。

不过，它们所走过的区域，土壤为之松软，倒使我的工作顺利。我有时吃腻了大动物的血肉，常拿它们的尸体来换换口味，也可以解解土中生活的闷气。

这些土壤里的小动物们的举动，在我们土壤革命者的眼中，要算是落后，而且有些反动的嫌疑了。

土壤里小植物之邦的公民，就比较先进了。

虽然那苔藓之群，它们的群众密布在土壤的上层，它们有娇滴滴的胞体、绿油油的色素，能直接吸收太阳的光力，制造自己的食粮，然而它们对于土壤的革命，有什么贡献呢？恐怕也只是一种太平的点缀品，是土壤肥沃的表征吧。它们可以说是土壤国的少爷小姐，过着闲适的生活罢了。

土壤里真正的劳动者，算起来都是我的同宗。酵儿和霉儿就是那里面很活跃的两种。

酵儿在普通的土壤里还不多见，但在酸性的土壤里，在果园里，在葡萄园里，我常遇着它们。没有它们的工作，已经抛弃在地上的果皮花叶，一切果树的残余，怎么会化除完尽呢？

霉儿过着极简单的生活，在各式各样的土壤里我都遇到过它。它这一房所出的角色真不算少，最常见的，有头状菌、根足菌、麴菌、笔头菌、念珠状菌，这些怪名都是描写它们的形态的。它们在土中，能分解蛋白质为氨，能拆散极坚固的纤维素。酸性的土壤，是我所不乐居的，它们居然也能在那儿蔓延，真是做到我所不能做的革命工作了。

和我的生活更接近的，要算是放线菌那族了。它们那柳丝似的胞体，一条条分枝，一枝枝散开。它们的祖先什么时候和我菌儿分家，变成现在的样子，如今是渺渺茫茫无从查考了。但在土壤里，它仍同我在一起过活，然而它的生存条件，似乎比我严格点，土壤深到了30英寸，它就渐渐无生望，终至于绝迹了。它在土壤中最大的任务，是专分解纤维素的，它似乎又有推动氧化其他有机物之功哩。

最后，我该谈到我自己了，我在土壤联邦里，虽个子最小，年纪最轻，而我的种类却最繁，菌众却最多，革命的力量也最伟大。

我的菌众，差不多每一房每一系，都是在土壤里起家。所以在那儿，

点拨

苔藓色泽鲜亮，形态娇美，对土壤而言却只能充当点缀；霉儿和酵儿虽很微小、样貌丑陋，但默默干着不平凡的清洁工作。社会中的人也如此，无论样貌如何，只要能正确发挥自己的价值就是美的。

还有不少球儿、杆儿、螺儿的后代；也有不少硝菌、硫菌、铁菌的遗族。真是济济一堂。

我的菌众估计起来，每一克重的土块，竟有300万至2亿之多。虽然，这也要看入土的深浅，离开地面2~9英寸之深，我的菌数最多。以后入土越深，我也就越稀少了。深过了4英尺，我也要绝迹。然而，在质地轻松的土壤里，我可以长驱直入达到10英尺以内。

有这么多的菌群，在那么大那么深的土壤盘踞着，繁殖着，无怪乎我声势的浩大，群力的雄厚，我的微生物同辈都赶不上了。

我们这一大群一大群土壤联邦的公民，大多数都是革命的工作者。

土壤革命的工作，需要彻底的破坏也需要基本的建设，因而我们这些公民，又可分为两大派别。

第一派是"营养自给派"，是建设者之群。它们靠着自身的本事，有的能将无机的元素，如硫、氢之类，有的能将无机的化合物，如氨、二氧化氮、硫化氢之类，有的能将简单的碳化物，如一氧化碳、甲烷之类，都氧化起来，变成植物大众的食粮；又有的能直接吸收空气中的二氧化碳，以补充自己。

在建设工作进行中，这派所用的技术又分两种。有的用化学综合的技术，如硝菌、硫菌、氢菌、甲烷菌、铁菌等，我的这些出色的孩子们，就是这样一群技术能手。看它们的名称就可知道它们的行动了。

有的用光学综合的技术，那满身都是叶绿素的苔藓，就是这一类的技术能手。

然而，没有破坏者之群做它们的先驱，预备好土中的原料，它们也有绝食之忧啊。

第二派是"营养他给派"，那就是土壤的破坏者之群了。它们没有直接利用无机物的本领，只好将别人家现成的有机物，慢慢地侵蚀，慢慢地分解，变成了简单的食粮，一部分饱了自己的细胞，其余的都送还土壤了。

然而有时它们的破坏工作是有些过激了，连那活生生的细胞也要加害，这事情就弄糟了。生物界的纠纷，都是由此而兴，而互相残杀的惨变层出不穷了。我所痛恨的原虫就是这样残酷的一群。

点拨

列举一连串的数字，准确具体地说明菌儿种类繁多，对土壤的革命起到不可估量的作用。

至于我菌儿，虽也是这一派的中坚分子，但我和我的同志们（指酵儿、霉儿及放线菌等）所干的破坏工作，是有意识的破坏，是化解死物的破坏，是纯粹为了土壤的革命而破坏。

土壤的革命日夜不停地在酝酿着，我们的工作也一刻没有停止过。然而这浩大无比的工程，是需要全体土壤公民的分工合作的。破坏了而又建设，建设了而又破坏，究竟是谁先谁后，如今是千头万绪，分也分不清了。

总之，没有"营养他给派"的破坏，"营养自给派"也无从建设；没有"营养自给派"的建设，"营养他给派"也无所破坏。这两派里，都有我的菌众参加，我在生物界地位的重要是绝对不可抹杀的事实。而今近视眼的科学先生和盲目的人类大众，若只因一时的气愤，为了我的那些少数不良分子的蛮动，而诅咒我的灭亡，那真是冤屈了我在土壤里的苦心经营。

点拨

菌儿的故事教会我们辩证地看待问题：很多事物都有多面性，不能因为一面不好就全盘否定，全面地看待问题才是智者的处事方式。

阅读思辨

? 1.菌儿虽是土壤的革命者，但他饱受土壤中其他生命的威胁，请举例说明有哪些。

? 2.土壤联邦的公民可以分为几大派别？他们的分工分别是什么？

061

读后任务一

1.阅读选文，回答问题。

　　至于我，我是菌族里最小最小、最轻最轻的一种。小得使你们的肉眼看得见灰尘的纷飞，看不见我们也夹在里面飘游。轻得我们好几十万挂在苍蝇脚下，它也不觉着重。真的，苍蝇的眼睛大小是我的 1000 倍，一粒灰尘还是我的 100 倍哩。

　　因此，自我的始祖，一直传到现在，在生物界中，混了这几千万年，没有人知道有我。大的生物，都没有看见过我，都不知道我的存在。

　　…………

　　菌是我的姓。我是菌中的一族，菌是植物中的一类。

　　（1）选文采用自述口吻，运用_____的修辞手法，把深奥的科学道理说得（①浅显易懂 ②抽象难懂 ③生动有趣 ④单调无味）。（把正确选项的序号填在横线上）

　　（2）"我是菌中的一族，菌是植物中的一类"，这句话中的加点字可以去掉吗？为什么？

2.阅读选文，回答问题。

　　在太古蛮荒的时代，人类都是茹毛饮血，茹的是生毛，饮的是冷血。那时口关的检查不太严，食道可以随意放行，我也自由自在无阻无碍地，跟着那些生生冷冷的鹿肉呀羊心呀，到人类的肚肠去了。

　　自从传说中，不知第几任的中国帝王，那淘气的（　　），那钻木取火的（　　），教老百姓吃熟食以来，我的生计问题，曾经发生过一次极大的恐慌。

　　（1）"茹"指吃，"茹毛饮血"指连毛带血地生吃，这体现了当时人类怎样的生活状态呢？

（2）文中第二段提到了钻木取火的_____，他是中国古代三皇之一，另外两位分别是教会人们种植五谷的_____以及开创畜牧养殖业的_____。

A.神农氏　　B.伏羲氏　　C.燧人氏　　D.女娲

3.阅读选文，回答问题。

闲话少讲，且说我为什么自称作"菌儿"。

我原想取名为微子，可惜中国的古人，已经用过了这名字，而且我嫌"子"字有点儿大人气，不如"儿"字谦卑。

……人家由一粒"细胞"出身，能积成几千、几万、几万万。细胞变成一根青草、一把白菜、一株挂满绿叶的大树，或变成一条蚯蚓、一只蜜蜂、一只大狗、一头大牛，乃至于大象、大鲸，看得见，摸得着。我呢，也是由一粒细胞出身，虽然分得格外快、格外多，但只恨它们不争气、不团结，所以变来变去，总是那般一盘散沙似的，孤单单的，一颗一颗，又短又细又寒酸。惭愧惭愧，因此今日自命作"菌儿"。

（1）选文采用第_____人称叙述，运用了_____的手法，读来幽默有趣。

（2）作者运用了大量的说明方法，文中第三段运用的说明方法有_____、_____和_____。

4.动手做一做。

菌儿以自述的形式向我们介绍了自己的特点，请结合相关资料为其做一张档案卡片吧。

1.（1）拟人　①　③　（2）不可以。"中的一族"说明菌中除了"我"，还有其他的菌类，这体现了语言表达的准确性。

2.（1）表现当时的人处于野蛮时期，不会用火，仍在吃生肉的状态。

（2）C　A　B

3.（1）一　拟人（2）举例子　作比较　打比方

4.略。

科学小品：细菌与人

　　细菌与人类的关系密不可分，它们既参与人类身体内部的化学反应，又参与人类所处环境的改造。因此，细菌在人类社会中占有极其重要的地位。在细菌世界里，既有对人类有益的菌类，也有危害人类生存的菌类。如何利用有益的细菌为人类谋福利，如何预防、规避有害的细菌，成为人类越来越关注的问题。随着科学的发展，人类对细菌的认识和了解越来越全面、深刻。

人生七期

人的一生在生理上分为七个阶段：单细胞变多细胞的胚胎期、胚胎三月到呱呱坠地的胎儿期、两岁乳牙长出的婴儿期、爆发式生长的幼童期、最宝贵的青年期、一生中最能创造价值的中年期以及日落西沉的老年期。人体的成长和衰老不是一蹴而就的，长大的同时也在慢慢变老。

由初生到老死，这个路程，是谁都要走过的。不过，有的人不幸，在半道得了急症，或遇到意外，没有走完这条路，突然先被死神抓去了，那是例外。

在生之过程中，发育和衰老，同时进展。我们一天一天地长成，同时也一天一天地老迈了。小孩子一个个都巴不得即刻变作成人，但成人一转眼就都老了，都变成老头儿了。这个由小而大，由大而老之间，其实没有界线可分。天天在长，就是天天在老。生之日益多，死之辰益近。不过看哪一种成分，显得格外分明，而把一条生命线强分为数段，也可。大约看来，在25岁以前，发育的成分多；25岁以后，则衰老的成分渐多了。

16世纪时，英国的大诗翁莎士比亚[1]，有过一篇千古不朽的名诗，由婴儿起到暮年止，把人生分为七期，描写得极其生动逼真。大意是这样

点拨

在我们人类认为的青壮年时期，身体机能其实已经开始走下坡路，所以珍惜人生的每一个阶段显得尤为重要。

---

[1] 莎士比亚：1564—1616 年，英国杰出的戏剧家，也是文艺复兴时期最重要的作家之一。其主要作品有《罗密欧与朱丽叶》《哈姆雷特》《李尔王》等。

说：咿咿唔唔在奶娘手上抱的是婴儿；满面红光，牵着书包儿，不愿上学去的是学童；强吻狂欢，含泪诉情，谈着恋爱的是青年；热血腾腾，意气甚强，破口就骂，胆大妄为的是壮年；衣服齐整，面容严肃，大声方步，挺着肚子的是中年；饱经忧患，形容枯槁，鼻架眼镜，声音带颤的是老年；塌的眼眶，没有了牙齿，聋了耳朵，舌头无味，记忆不清，到了尽头的是暮年。这样把人生一段一段地分析下来，真有意思呀。

但是，莎士比亚的人生七期，是看着人情世态而描写的。我们现在也要把人生分为七期，却是依照生理学上的情形而分的。这七期，不自婴儿始，以子宫内受孕的母卵为起点。

自母卵与精虫相遇，受了精以后，立时新生命就开始了。自开始至3个月，为第一期。这一期的变化，突飞猛进，最为奇特。在这一期里，母卵不过是直径不满1/700英寸的一颗圆圆的单细胞，内中却早已包含着成人所必须具备的一切重要的结构了。在这期里，还有几种结构，为成人所没有的，如第三星期，有鱼鳃的裂痕出现，如第六星期，有尾巴出现。自演化论者看来，这分明显出，人是鱼的后身，兽的子孙了。由母卵一个单细胞起，一变二，二变四，四变八，不断地变，到了第三个月，人的雏形已经完成，但仍是小得很，要用显微镜才看得清楚。这一期叫作胚胎期。

第二期是胎儿期，由第三个月起至脱离母体呱呱坠地时为止，大约有六七个月吧。在这一期里，并没有添出什么花样，细胞仍是在变多，已完成的雏形渐渐长大，渐渐加重，渐渐成熟罢了。

在温暖的子宫内的胎儿，不会感到饥饿和窒息的恐慌。他所需要的食料和氧气，都从母亲的血液里支取，都是由胎盘输进脐带，送给他的。

在诞生的时候，这种食料和氧气的自由供给，突然停止。于是新生的婴儿，不得不"哇"的一声大哭，打通了两道鼻孔，顿时鼓动自己的肺叶，呼吸外界的新鲜空气。又"哇"的一声大啼，张开自己的小口尽力吸收甜美的乳汁，运用自己的胃和肠来消化食物。

这种食料供给的突变，对于发育的过程，并无重大的影响。不过在初生下来头3天，婴儿的体重略有低减。这多半是因为分娩后那几天乳量不足的缘故，不久就复了常态。

点拨

人生七期，单第一期的变化已经令人瞠目结舌，每一个有思想、有身份标签，身高、体重，乃至样貌均不同的人，都由单细胞生物进化而来。这不得不令人感叹生命的神奇和伟大。

由呱呱坠地到 2 岁乳齿长出的时候是为第三期，叫作婴儿期。

接着，就是第四期，即幼童期，由 3 岁起，在女童到 13 岁止，在男童到 14 岁止。在这一期里，年年体重均有增加，每年约增 9%。这就是说，例如，体重 40 磅的儿童，每年增加 3.6 磅，体重 70 磅的儿童，每年增加 6.3 磅。假使不生疾病，不遇饥荒，这时期里体重的增加，就可以一直向上无阻了。

到了第五期，就是最宝贵的青年时期了。如春天的花一般，一朵一朵地开出来，红艳可爱，一个个女儿的性格，一个个男子的性格，很奇幻而巧妙地在这一期里长成了。一夜之间，不知不觉由娇羞的童女，一变而为多色多姿的妇人；由顽皮的童子，一变而成大声大样的男人。其间有不少不平等、参差不齐的形态与资质啦。

青年期，作为女子，她的标志是：月经的来临，骨盆的长大，乳峰的突起，及阴毛的出现，这大约在十三四周岁就发生了。

青年期，作为男子，他的记号是：面部的胡须有了几根；下部耻骨间的黑毛也一条一条地出来；同时好像喝了什么葫芦里的药，小孩子又尖又脆的高音，忽然变成又粗又重的沉音了。

在滋养得宜的时候，这一期里，体重和身长的增加比儿童时期还来得快，大约可由每年 9% 增加到每年 12%。不过，贫苦的大众，平日都吃不饱，营养不足，又怎能达到这样高速度的发育呢？

青年期的发育，是跟性的本能有关联的。割去生殖器的男童，到了青春发育的时期，就不会发生如平常男子一般的变化。从前清宫里的太监，就是这一例。这些太监，又不像男，又不像女，口音总是尖脆，颔下从来不生胡须。

美国密苏里大学有一位解剖学教授亚冷先生，曾把某种动物的生殖器割去，那动物的发育因此迟缓了。他又将各种生殖器的组织制成溶液，注射入那动物的体内，于是那动物体内某部分的发育又激增了。

但是由这青春的发动而使发育激增这种现象并不能维持长久。大约过了 2 年之后，发育的速度就很快跌下去了。满了 22 周岁的当儿，体重和身高都已发育完全，不再前进了。

不论怎样，到了 23 周岁，一切体格的生长都宣告终止。当然在 20 ～

点拨

用举例子和列数字的方法解释了体重 40 磅和 70 磅儿童的生长情况，生动直观地展示了人生第四期的变化特点。

点拨

长大和衰老之间没有明确界限，长大的同时也在变老，因此人生中的每一天对于我们来说都很珍贵。

30 岁，从体力方面看，是我们一生最强盛的时代。运动健儿能创造新纪录、夺得锦标的，都在这时期内。

过了 30 岁，一切的体力体劲，就江河日下❶了。

大概是 50 岁那一年吧，妇人的月经告别，她的生殖时代就成为过去了。

男子生殖的机能，虽不似妇人那样突然中断，然而一过了 35 岁之后，也就一天不如一天了。

男子一过了 35 岁，就一天一天肥大了。团团的面孔，双重的下巴，厚厚的颈项，都显得隆肿起来了。汗毛越来越粗，胡子蔓延的区域也渐广。笨重的身体，挺着大肚皮，一步一步不慌不忙地走。有福气活到 35 岁以上的人，多少都有这种福相吧！

然而这些形相，却被科学家认为是生殖机能渐弱的表现。割去生殖器的雄兽，也就渐渐异常地肥大起来了；割去生殖腺的雄鸟，毛羽也格外粗大。生理学者起初也以为胡子、汗毛的增多增粗，是男性发展完全的特征，后来由于阉割雄鸟的试验，以人比鸟，就悟到粗毛粗须，是性能力渐弱的标记，而在这时期内，男子生殖腺的作用事实上的确是减弱了。

男子到了 60 岁，生殖的机能就完全终止了。世间能有几个老当益壮，66 岁还要割须弃毛，再做新郎的贵人呢？

由 25 岁起，女的到 50 岁，男的到 60 岁，是中年期，是一生的中心，是一生最有用的时代，这是第六期。

第七期，60 岁以上的人，就算老了，一轮红日慢慢西沉，终归于万籁俱寂了。至于怎样老法，下一次再谈吧。

阅读思辨

❓幼童期和青春期是人一生中体重增长最迅速的两个阶段，请分别说说这两个阶段体重增速是多少。

❶ 江河日下：江河的水天天向下游流，比喻情况一天天坏下去。

人身三流

阅读提示

　　人生三流分别是：泪、汗、尿液。受传统观念影响，我们认为泪为上流，汗可称中流，尿则为下流。其实这种观念大错特错。这三种液体究其来源都是血液里逃出来的流民；观其内容，尿最丰富，汗次之，泪最淡泊；论其功用，尿最伟大，汗副之，泪则可有可无。

　　中国的民众不知流了多少泪。

　　我由泪想起汗，由汗想起尿。

　　这是贫民窟里的"三宝"，却不为一般人所重视，因此我愿意替它们宣传宣传。

　　泪在灾民、难民眼眶里狂涌，汗在车夫、工人的额角背上怒奔，尿在黑暗的角落打滚。

　　这是三种有生命的水啊，被压迫而向体外逃亡，所以我称它们为"人身三流"。

　　人身所流出的水，固不止这三种，而这三种却是最肯抛头露面的，而且爽直，不存丝毫退缩之心。

　　中国人的传统观念，总以为地位尊崇者，他的一切就高人一等。因此，在这人身的三流里面，泪的位置最高，也可以自称为上流了。汗的位置，上上下下，几遍于全身，只可称为中流。尿呢，那就是被人所贱视的下流了。

点拨

　　人按照传统的社会观念，给"人身三流"定了高下尊卑，事实上，这是不符合科学的。这里为后面的立论确定了靶子。

尿之不如汗，汗之不如泪，似乎是当然的道理。

所以古今诗人雅士，吟诗作赋，免不了说一两句伤心话，不是断肠，就是落泪，几乎非泪不足以表其多情。泪总是多情的产物吧，于是泪就比茶一般的清高了。

一到了汗，他们就有些讨厌这个了。然而诗人到了夏天就有苦热诗了，在苦热诗里，又似乎非汗不足以写其苦。

至于尿，这卑鄙下贱的东西，用它骂人出气还可以，绝不可以入诗文，就是俗人的谈话，也都极力避免用尿字。

其实，这不公平，不正确。

我们都被传统的观念束缚、蒙蔽了。

尿、汗、泪三者都是人身的外分泌，干净时，一样的干净，龌龊 **❶** 时，一样的龌龊。

查其来源，它们都是从血液里面逃出来的流民。

观其内容，尿最丰富，汗次之，泪最淡泊。然而都是一样的带点酸性的盐水，都含有一些"尿素"之类的有机化合物，还有别的，这里暂且不提。

论其功用，尿最伟大，汗副之，泪就在可有可无之间了。

泪的故乡是在眼角和鼻骨之间的泪器。泪时时都伏于那泪器的门口观望，有时出来巡逻，洗洗眼珠，清清眼皮，偶尔堕入鼻子的深渊，无底洞，就成为一种鼻涕了。

泪在心理上颇占地位，人都认为它和悲哀的情感有关系，这是因为泪器的细胞和大脑派出的神经有直接联络吧。然而有时笑也会流泪；眼睛受了辣椒、烟雾的刺激，也会流泪；又有所谓流泪弹（催泪弹）之类的毒品，专使我们流出大量的泪。可见这泪实是眼睛的警备队、保护者了。

人本是流泪的生物。自初生到老死这个过程中，流泪的机会正多着哩。但，中国人的眼泪是用得太滥了，各自为一身一家的疾痛，而流出一点一滴的泪，那泪是弱小而无聊的。

现在我们东方第一古国的悲剧，已一幕一幕地揭开了。我们要学春秋战国时代，荆轲 **❷** 和高渐离 **❸** 二侠士在燕市酒店里，那样慷慨悲壮地流

---

❶ 龌龊（wò chuò）：不干净，肮脏。也形容人品质恶劣。

❷ 荆轲：战国时著名刺客。公元前227年，荆轲将樊於期首级和夹有淬毒匕首的燕督亢地图进献给秦王嬴政。献图时，图穷匕首见，刺秦王不中，被杀。

❸ 高渐离：战国末燕国人，荆轲的好友，擅长击筑。荆轲刺秦前，高渐离于易水河畔为荆轲击筑送行。

点拨

流泪既是情感表达的一种方式，又是保护我们眼睛的警备队，由此可见眼泪对于我们身体的重要性。

点拨

用引资料的说明方法将慷慨悲壮的流泪描绘得更加具体，并希望泪水流得更有价值，同国家命运联系在一起。

泪。我们希望拿四万万大众的热泪，来掀波翻浪洗净国耻。

然而泪终究是弱者的武器，单靠它来救亡图存，那力量是太薄弱了。

泪之后，还须继之以汗。

汗的原籍是皮肤里面的汗腺。全身的皮肤，除了外耳道、包皮、龟头，都有汗腺，而以手掌足底的汗腺为最多。人身皮肤汗腺的总计，大约在200万以上吧。

汗腺出汗的多少是不定的，这要看四周空气的情形，寒暖如何，干湿如何。多跑多动，也会出汗。有时人们受了突然的惊吓，也会吓出一身冷汗来，汗也被情感支配了。据说在平时，穿长衫的人们，平均每24小时也要出汗两三升。这是因为皮肤受了衣服的包围，那里面的热气常在32℃左右，所以无形之中，时时都在出汗了。

不过，这汗不是水而是汽。大约要过了33℃的"界点"，汗汽才一变而为汗水。

汗水和汗汽的分界，也可以说是劳力和劳心的分界吧。

汗水里面的宝贝，除了盐和水，还有尿素、尿酸、肌酸、石炭酸、蛋白素之类的杂烩。而以尿素的成分为最主要。

刚洗完蒸汽浴，或经过一番强烈的运动之后，满头满身，淋淋滴滴，都是热汗，而那些汗珠里面，尿素的成分顿时就增加了许多。

有的人听了这话，就有些不愿意，而且不大相信，以为尿素这下流东西，也配在我头上、身上作威作福哇。

然而这是生理上的事实。

原来尿和汗还是亲家，尿之尿素减少，则汗之尿素增多；汗之尿素少，则尿素都跑回尿那边去了。而其来去的主权，则由大脑派出特别神经，暗中操纵。

尿的历史就复杂得多了。现代疾病的诊断，又往往非做尿的检查不可，都是想从尿水里追寻出疾病的脏物。尿的出身虽甚下贱，它的先前性状又极神秘，而它却是牺牲了自己而出奔——有的说是被压迫而逃亡——调和了血液，保全了全体，大有功于人身。将来如有空闲，也拟替它作一篇正传。这里所要谈的，不过举其大概罢了。

它的大本营是肾，膀胱是它的行营。

肾是一副多管的腺，俗称腰子，又号腰花，常常被人误认为男子生殖器的睾丸。其实睾丸自是藏精之宫，而肾却是尿的制造所。

在这个制造所里面，约有 200 万颗小球——肾小球——无数微血管密密地分布于此。

这么多的肾小球，又都被小球囊包围。小球囊和肾小球之间，只隔了两层薄薄的膜；一层是微血管的外皮，一层便是肾小球的外皮。

那小球囊的空间，就是尿管的起点。

尿管起初是弯来弯去，千回百转，所以叫作盘曲的小管，后来才变成直直的一条，出了肾，直通尿道，而达于膀胱了。

肾，这制尿局，其结构是如此细微而繁复，于是生理学者研究了再研究，在显微镜下，眼都看红了，还是纷纷论战，各执一词，还是不能解决"尿是怎样制造的"这个问题。

有一派说，血一到了肾小球的微血管，因受大血管里的高血压所迫，只得透过了那两层薄膜，到了小球囊的空间，而变成尿。可是那尿太稀了，在流过盘曲的小管时，在途中，就有一部分又被两旁的外皮细胞吸收了，其余的渐渐成了浓尿的本色。

又有一派也承认，尿是血所滤过的东西。不过，他们以为，在小球囊的尿还不是完整的尿，而只是些无机盐和水，所以稀。后来，在通过盘曲小管的途中，又有一批尿素、阿摩尼亚之类的有机物，从两旁的外皮分泌出来，加入尿的洪流中，于是就浓了。

这两说，各有其道理，其实验根据，等他们决定了再叙吧。现在我们只认尿是血的后身就够了。

血是最受人敬重的，我们又怎么能看不起尿呢？

尿有时酸，有时淡，这是间接受了食物的影响。吃肉的人，尿是酸性；吃素的人，尿近于淡。尿若变成了碱性，那是细菌这小贼儿的恶作剧。

尿的内容，除了守本分的无机盐和水，杂色的分子极多。主要的当然是尿素，其余还有尿酸、肌酸、马尿酸、草酸、硫酸盐、氧化酸、氮化酸、氮气、碳酸气、尿色素、尿胆素，各有各的来历与背景，除了有时列席、有时缺席者不计，真是济济一堂。这些名目都是抄自一位化学家的记录。

然而有人读后就要生疑了。那姓马的尿酸怎么也会杂在里面，人尿里难道也会有马尿吗？

本来科学名词都有些奇特，我们若认真起来就很吃力。马尿酸，本是吃草动物的尿中所常有的，比如马。人及吃肉的动物难得有。但人若常吃素，尿里就有了大量的马尿酸了。

反之，尿酸乃是吃肉的记号。所以尼姑、和尚之流，若开了荤偷着买肉吃，尿里面马尿酸的成分变成了尿酸，这是瞒不过实验室里的化验员的。

尿的质既是这样琳琅富丽，尿的量也很可观。成年男子在 24 小时之内所分泌出尿的总量，通常有 1 500 ～ 1 700 毫升之多。当然水喝得愈多，尿也就愈多，喝了茶、咖啡之类的饮料，尿也较多。这是常人所知道的。尿实是血过剩的去路啊。

然而，有人就要问了，尿何以恶臭难闻，它不是屎之流吗？这又是传统的误会了。

尿与屎并论，是尿百世之冤恨。屎是食物的渣滓，和以胆汁，又有粪臭素、硫化氢之类的臭物，细菌成兆成亿地在那里寄生。虽居人身的腹地，并未曾受人肉的同化。

尿是血的分泌。血清尿也清，血浊尿也浊。血糖有过剩，而尿就成为糖尿了。

尿的本味，就是阿摩尼亚的本味，是一种单纯的药味，昏迷的人闻了，还可以苏醒。

尿之所以恶臭，是离了人身之后而变成的。这不是尿之本身的罪状，而是细菌的罪状。让细菌吃饱了的东西，就是汗，就是泪，就是血，就是肉，有哪一件不臭呢？

独于尿而最看不起，这是下流者的不幸。

中国贫民窟里下层的民众，也被人看不起几千年了。

泪也竭了，尿也尽了，只有汗还多可以流。

多喝些革命的水吧！多喝些抗敌的酒吧！澄清民族的污浊！流出四万万人的血，使全太平洋的水变色！

1936 年 2 月 20 日　南京

色——谈色盲

阅读提示

色盲不是假装糊涂，实则是生理上的一种缺憾。色盲分为全色盲、一色盲、半色盲。色盲虽不是普遍的现象，却也到处都有，尤以男子为多，要时刻关注社会对色盲人群的认知和态度，重视并探索色盲应对措施。

阅读笔记

有些泥古守旧的人，对于色，只认得红，其余的都模糊不清了，以为红是大喜大吉，红会升官发财，红能讨老婆生儿子，其余的色，哪一个配？

有些糊涂肉麻的人，如《红楼梦》里的贾宝玉之流，有爱红之癖，其余的色都被抹杀了，其余的色哪里赶得上？

然而，在今日的世界，红似乎又带有危险性了。有些人见了它就猜忌了。不是前不多时，报纸上曾载过，德国有一位青年因用了红领带，而被处了6个星期的徒刑吗？

但是，我这里所要谈的，并不是这些喜红、爱红和疑红的人，而是另一种人——认不得红的人。

这一种人，对于红，一向是陌生的。

这一种人，见了红以为是绿，见了绿又以为是红。

这一种人，就叫作色盲。

色盲不是假装糊涂，而实是生理上的一种缺憾。

这些话，在色盲者听了，或者能了然；不是色盲的人听了，反而有些不信任了，说是我造谣。

因此我须从色字谈起。

色，这迷离恍惚、变幻莫测的东西，从来就有三种人最关心它。

物理学者关心它的来路，它的结构。

生理学者关心它的现实，它和人眼的反应。

心理学者关心它的去处，它对于心理上的影响。

虽然，还有化学者在研究色料的制造，诗人美术家在欣赏、调和色的美感，政治家在用色来标榜他们的主义，市政交通当局在用色表明危险与安全，如此等等的人，对于色都想利用，都想揩油，于是色就走入歧路了。这些，我们不去细谈。

物理学者就说：

色是从光的反映而成，光是从发光体送出来的一种波浪。这一波一浪也有长短。太长的我们看不见，太短的也看不见。

看不见的光，当然是没有色，然而它们仍在空气中横冲直撞，我们仍有间接的法子，去发现它们的存在。如紫外光，如 X 光，如死光❶之类。

看得见的光，就可以分析而成为种种色了。

大概发光体所送出的光，多不是单纯的光，内容很复杂，因而所反映出的色，也就不止一种了。

满天闪闪烁烁的群星，都是极庞大的发光体，和我们最亲热的就是太阳。

地球上一切的光，不，整个太阳系的光，都来自太阳。

电光、灯光、烛光，乃至于小如萤火虫的光，乃至于更小如某种发光细菌的微光，也都是受了太阳之赐。

太阳的光线，穿过了三棱镜，一受了曲折，就会现出一条美丽的色系，由大红，而金黄，而黄，而蓝，而绿，而靛青，而紫。红以上，紫以外，就因为光波太长太短的缘故，不得而见了。而且，这色系之间的演变又是渐变而不是突变，所以色与色之间的界线就没有理想的那样干脆了。

---

❶ 死光：一般指激光。

色之所以有多种，虽是由于光波的长短不齐，然而其实也看人眼怎样受用，怎样去辨识。没有人眼，色即是空；有人眼在，空即是色。这太阳的色系，是一切色的源泉，普通的人眼，都还认不清，何况所谓色盲的人。

生理学者花了好些工夫去研究人眼，又花了好些工夫研究人眼所能见的色。他们说：人眼的构造，和照相机相似，最里层有一片薄膜，叫作"视网膜"，那视网膜就好比是底片。一色至一切色的知觉都在这底片上决定，其上又伏有视神经的支脉，可以直接通知大脑。

色的知觉，可分为两党：一党是无色，一党是有色。

无色之党，就是黑与白及中间的灰色。

有色之党，就是太阳色系中的各色，再加上各种混合的色，如橄榄色、褐色之类。

有色之党，又可分为两派：一派是正色，一派是杂色。

正色，就是基本的色，纯粹的色。有的说只有三种；有的说可有四种。说三种的，以为是红、黄、蓝；又有以为是红、蓝、紫。说四种的，以为是红、绿、蓝、紫；也有以为是红、黄、绿、蓝。

总之，不论怎样，有了这些正色之后，其余的色，都可以配合混制而成了。因此，其余的色，都叫作杂色。据说，世间的杂色，可有1000种之多哩。

太阳、火焰、血的狂流，都是热烈的殷红。晴天的天，海洋的水，都是伟大的深蓝。大地上，不是一片青青的草、绿绿的叶，就是一片黄黄的沙、紫紫的石。这些不都是正色吗？

傍晚和黎明的霓霞，花儿的瓣，鸟儿的羽，蝴蝶的翅，金鱼的鳞，乃至于化学药品展览室里一瓶一瓶新发明的染料，这些不都是杂色吗？

有了这些动人而又迷人，醒人而又醉人，交相辉煌而又争妍夺艳的种种的色，使我们的眉目都生动起来，活泼起来，然而外界的引诱力是因之而强化的，于是我们有时又糊涂起来，迷惑起来了。我们的心房终于是突突不得安宁了，为的都是色。

这些话都是根据人眼的经验而谈。

然而，色，迷人的色，把它扫清吧！假使这世界是无色的世界，从白天到黑夜，从黑夜到白天，尽是黑与白与灰，这世界未免太冷落寂寞了，太清寒单调了，太无情无义了。

然而，世间就有这么一类人，对于色，是不认识了。大家看得见的色，他偏看不见，或看得很模糊，或大家看是红，他偏看出绿来，大家看是蓝，他偏看是白，大家看是黄，他看是暗灰色。

这一类人，有的是全色盲，对于一切色，都看不见；有的是一色盲，对于某色看不见；有的是半色盲，对于色，都看得模模糊糊罢了。

最可怜的，就是那全色盲，他的世界完全是黑与白与灰，是无彩色

点拨

通过对不同色彩的大胆结合和对自然元素的独到的描绘，营造出一种奇幻而富有诗意的意境，让读者感受到作者对大自然的热爱、敬畏以及对世界多样性的赞美之情。

的有声电影的世界。

这些事实，人们是不大容易发觉的。在这奔波逐浪、汹涌澎湃的人潮里，不知从哪一个时代、哪一位古人起，才有色盲，我们是没有法子去考据的，也许有好些读者从来没有听过"色盲"这个名词，也许你们当中就有色盲的人，而连自己都还没有发觉。

科学界注意这件事，是从18世纪末英国的化学家道尔顿起。这位科学先生，本身就是色盲。他就是认不得红色的色盲之一员。

认不得红色是有危险的呀！后来的生理学者、心理学者，都渐渐注意了。他们说：水路、陆路的交通，都是以红色作危险的记号。轮船、火车上的司机，若是红色盲，岂不危险吗？十字大街上的红绿灯，是指挥不动这些色盲的路人了呀。于是这个问题就为市政和交通当局所重视了。

色盲的人，虽不是普遍的现象，然而也到处都有，尤以男子为多。据说，男子每百人中，色盲者有三四人；妇女每千人中，色盲者有1人乃至10人。

不过，完全色盲的人很少很少。最常有的还是红色盲。其次的，还有绿盲、紫盲、蓝盲、黄盲，如此之类的色盲。

这些色盲，都是对于某一种正色的朦胧，不认识。对于杂色，更是糊涂弄不清了。

然而，红盲的人，听了人家说红，就去揣度，有时他也自有他的间接法子，他的自定标准，去认识红，去解释红，所以人家说红，他也不去否认。这样，我们要侦察他的实情，是真红盲，还是假红盲，就得用红的种种混合色、杂色，请他来比较一下，他的内幕于是乎就被揭穿了。

医生检查色盲的种种手段，就是按照这个道理。

现在我们的敌人，有点假惺惺，口里声声亲善，背后枪炮刀剑，枪炮刀剑似乎是红，亲善又似乎不是红。中国的民众不要变成红盲吧！

声——爆竹声中话耳鼓

阅读提示

声音是由发音体发出的一种波浪，而耳鼓是直接接受音波、传达音波的器官。耳骨根据形状又可分为锤骨、砧骨和镫骨。正常人的耳朵是非常敏锐的，我们一般人所能听到的声音，极低微的振动频率大约是每秒钟 24~30 次。更有甚者，即使低至每秒钟 16 次的振动频率的音波也能听见。

在首都，旧历新年的爆竹声，已不如从前那样通宵达旦，迅雷急雨般地齐鸣了。

不知被甚风吹走，今年的爆竹声，虽仍是东止西起，南停北响，但须停了好一会儿，才接着响下去，无精打采地，既像疏疏的几点雨声，又像檐下的滴漏，等了许久，才滴一滴。

在这国难非常严重的年头，凡有带点强为庆贺、强为欢笑之意的声调，本来就不顺耳，索性大放鞭炮，热闹一番，倒也可以稍稍振起民气。现在只有这不痛不痒的疏疏几声，意在敷衍点缀新年而了事，听了更加不耐烦了。

不耐烦，有什么法子想呢？

色、声、香、味、触，这五种特觉，只有声是防不胜防，一时逃不出它的势力范围。声音一发，听不听不能由你。这责任一半在于声音的性质，一半在于耳朵的构造。

声音是什么呢？

声音是一种波浪，因此又叫作音波。这音波在空气中游行，空气的

点拨

把新年的爆竹声比作"稀疏的几点雨声""檐下的滴漏"，用比喻的修辞手法，生动形象地描绘了爆竹声音的分散、稀疏。

分子受了振荡，一直向前冲，中间经历了无数分散而凝集，凝集而又分散的曲折。

点拨

把声音在空气中的传播情形非常通俗、具体地讲出来，可视化了。

音波是由发音体发出来的，起先一定是发音体先受了振荡，所以两个坚实的物体，互相抨击，就可以成音。这音波是一波未平，一波又起的，而每一波的长度都不相等，有时相差很远。

大凡合于音乐的音波，我们常人的耳朵所听得到的，它的波长，最长的不过 12～21 米，最短的波长只在 25 毫米之内。

这些音波在空气中飞行极快，平均的速率，每秒钟能行 33～36 米，但也要看所穿过的空气的寒暖程度如何。

不论怎样，这些合于音乐的音波是有规则的，有韵节的。

不合于音乐的音波，就乱七八糟一点没有规律，没有韵节，所以听了就讨厌。

从前，新年的爆竹声，家家户户合奏像一阵一阵的交响曲，非常使人高兴。今年的爆竹声，受了不彻底的禁止，受了民间不景气的潮流的影响，好久好久，忽然发出三四声，短而促，真是不痛快而讨厌。

这是声音的不协调，而叫我感到不耐烦。

耳朵的结构是怎样呢？

在我们的头颅上，两旁两扇翅膀似的耳翼，是收集音波的机器。在有的动物身上，它们还会听任大脑的指挥而活动，然而它们的价值只是加强了声音的浓度和辨别音波的来向罢了。

不谙生理学的中国人，尤其是星相家之流的人，太看重这两扇耳翼，以为耳的宝贵尽在这里，而且还拿它们的大小作为富贵和寿命的标准。如老子耳长 7 寸，便以为寿，刘先主目能自顾其耳，便以为贵之类的传说。

其实，若不伤及耳鼓，就是割去两扇耳翼，也还听得见，不过声音变得特别一点罢了。这两扇露在外面的耳翼，有什么了不得的呢？

围着耳翼里面那一条黑暗的小弄，叫作耳道。耳道的终点，是一个圆膜的壁，叫作耳鼓。这耳鼓才是直接接收音波、传达音波的器官。这一片薄薄的耳鼓膜厚不及 1/10 毫米，却也分为三层：外层是一层皮肤似的东西，内层是一层黏膜，中间是一层连接组织。它的形状有点像一个浅浅的漏斗，而那凸起的尖端却不在正中央，略略偏于下面。这样带一点倾斜的不相称的形状，能敏锐地感到音波的威胁而振动。音波的威胁一去，那耳鼓的振动就停止了，所以耳鼓若是完好的，那外来的声音就听得很干脆而清晰。

紧靠在耳鼓膜的里面有三个耳骨：一是锤骨，一是砧骨，一是镫骨，各因其形而得名。这三个耳骨的那一面靠着另一层薄膜，叫作耳窗，又名前庭窗。

这些耳骨是我们人身上最轻而最小的骨。它们的构造是极尽天工的巧妙，只需小小一点音波打着耳鼓，就可以使它们全部振动，那音波便被送进内耳里面去了。

内耳里面伏有听神经的支脉，叫作耳蜗神经。那耳蜗神经的细胞非常灵便，不论多么低微的声音，它们都能接收而传达于大脑。

现在像爆竹这般大而响的声音，我们哪里能逃避不听呢？就是掩着两扇耳翼，空气的分子，既受了振荡，总能传进耳鼓里面去呀。

不过，这也有一个限制，空气是无刻不受到振荡的，有的振荡的速率太快或太慢，达到了我们的耳鼓上面，就不称其为声音了。

我们一般人所能听到的声音，极低微的振动频率大约是每秒钟 24 ~ 30 次。有的人，就是低至每秒钟 16 次的振动频率的音波也能听见。最高的振动频率要在每秒钟 4 万次以内才听得见。

在这里又要看各人耳朵的感觉如何敏锐了。聋人是不用说了。有的人虽然没有到了聋人的地步，然而对于好些尖锐的声音，如虫鸟的叫鸣，就听不见。

而爆竹的声音，它的振动频率不太高也不太低，只要距离得不太远，是谁都能听见的哩！

现在我们国家管事的人对于敌人的侵略，好像虫声鸟声一般唧唧地在那里秘密讨论。它的振动频率太低了，我们民众很难听得见。而汉奸及卖国者之流，又似乎放了疏疏几声的爆竹，以欢迎敌兵，闹得全世界都听见了，真是出丑，更令我们听了不耐烦。然而又有什么法子想呢？

1936 年 1 月 27 日

用列数字的说明方法准确说明人耳能听到的声音的最低微的和最高的震动频率，形象揭示了人耳具有敏锐的听觉能力的客观事实。

香——谈气味

气味是物体发出来的细粉，是物质散发的能被嗅觉感知的特征，可分为香、臭等多种类型，能用于识别物体、唤起记忆等。气味主要由鼻子进行分辨，它能分辨出大部分的气味。

阅读笔记

气味在人间，除了香与臭两小类，似乎还有第三种香臭相混的杂味吧。

植物香多臭少，动物臭多香少，矿物除了硫、硒、碲三者，又似乎没有什么气味了。

这些话是就鼻子的经验所得而谈的。

香是鼻子所欢迎的，臭是所拒绝的，香臭不甚明了的第三种味，也就马马虎虎让它飘飘然飞过去了。

鼻子是两头通的，所以不但外界冲进来的气味瞒不过它，就是口里吞进去的，或胃里呕出来的东西，它也知道。捏着鼻子吃苦药，药就不大苦了。

然而鼻子若是有时塞住了，如得了伤风及鼻炎之类的疾病，那时就算尝了美酒香果，也没有平日那么可口了。

气味到底是什么东西组成的，而有这样的矜贵呢？是不是也和光波、音波一样，在空气中颤动呢？从前果然有人以为气味的游行，也是波浪似的，一波未平，一波又起。而今这种观念却被打破了。

现代的生理学者都认为，气味是从各种物体发出来的细粉。这细粉大约是属于气体吧。在发出之后，就渐散渐远，渐远渐稀，终于稀散到乌合之乡去了。

但若在半途遇到了鼻子，就飘进了鼻房里面，在顶壁下，和嗅神经细胞接触，不论是香是臭，或香臭相混，大脑顷刻就知道了。

据说，同属一类的有机化合物，结构愈复杂，气味也愈浓。这样看来，气味这东西，似乎又是化学结构上"原子量"的一种作用了。

因此，要把世间的气味一一分门别类起来，那问题便不如起初料想的那样简单了。

于是我想鼻子真是一副极灵巧的器官啊，无论什么气味，多么细微，多么复杂，它都能分辨出来。

鼻子在所有感觉当中，资格算是最老了。

然而文明愈进步，鼻子就愈不灵；生物的进化程度愈高，鼻子的感觉也愈坏。

野蛮民族，如美洲红人、原始人之类，他们的鼻子都比现代人灵得多。他们常以鼻子侦察敌人，审查毒物，从而脱离危险。

<u>狗的鼻子是著名的敏锐了。无论地上留有多么细微的气味，它都能追寻到原主。然而它也只认熟人的气味才是好气味。如果是生人，就是你满身都香，也要对你狂吠几声，因为你不是它的圈子以内的人。</u>

昆虫的嗅觉似乎也很灵敏，不然房子里一放了食物，蟑螂、蚂蚁之类的虫儿，怎么就知道出来游历考察呢？

气味的感觉，也是当局者迷，外来者清。鼻子有时倦了，也只有几分钟的热心。所以古人说："<u>入鲍鱼之肆，久而不闻其臭；入芝兰之室，久而不闻其香。</u>"在生理学上看来，这句老话倒也不错。很多人总不觉得自己屋子里有臭味，一到外头去跑跑，回来就知道了。

气味有时也会倚强欺弱，一味为一味所压迫，所遮蔽，所中和。所以两味混在一起，有时我们只闻见这味，而闻不到那味，如尸体的味一经石炭酸的洗浸之后，就只有石炭酸的气味了。

因此，人们常用以香攻臭的战术来消灭一切不愿闻的气味。这种巧妙的战术，是大大地被有钱的妇女利用了。这也是香粉、香水之类的化

点拨

用举例子的说明方法，介绍狗的鼻子敏锐度高，来说明其鼻子是极其灵敏的器官。

点拨

引用《孔子家语·六本》中的话，强调环境对人的影响。

妆品入超 的原因之一吧！

肉的气味，大家都是一样，本来没有什么难闻。然而不幸有的人常常发生特殊的气味，则不得不借香粉、香水之力以遮蔽了。然而又有的人竟大施其香粉政策以取媚于其腻友❷，或在社交上博得好声誉。

然而香粉、香水之类的东西和蜂采蜜一般，从花瓣花蕊里面采出来，榨出来的，终究不是肉的本味，而是偷来的气味，似乎有些假。

因此我还有一首打油诗送给偷香的贵人们：

窃了花香做肉香，

花香一散肉香亡，

剩下油皮和汗汁，

还君一个臭皮囊。

阅读笔记

据说气味这东西与心理还有些联络。所以讨厌这个人也讨厌这个人的味儿，欢喜另一个人也欢喜那个人的味儿，这是常有的事，而且还有闻着气味而动了食指或色情的君子呢。

气味这东西真是不可思议了。

在这个年头，气味有时使我们气闷，使我们掩了鼻子不是，不掩鼻子又不是。掩了鼻子又有不亲善的嫌疑，不掩鼻子又有人说你的鼻子麻木了，不中用了。

社会上有许多事是臭而又臭，绝没有一些香气，又不是第三种的杂味可以让它飘过去，真是左右难以做人啊。

1936 年 2 月 16 日

---

❶ 入超：在一定时期（一般为一年）内，对外贸易中进口货物的总值超过出口货物的总值，即贸易逆差（跟"出超"相对）。

❷ 腻友：亲密的朋友。

味——说吃苦

阅读提示

　　本篇由小苦而联想到大苦，由小怨而联想到大怨，由一身的不快而联想到一国的大恨，由局部的受侵害使全民族震撼，这正是一种卧薪尝胆。胆的味虽小，但若是民众个个都抱着尝胆的决心，那力量是不可侮的。

阅读笔记

　　国内有汉奸，国外有强敌，爱国受压迫，救国遭禁止，在这个年头，我们国民有说不出的苦，有说不尽的苦，这苦真要吃不消了。

　　在这个苦闷的年头，由不得不想起春秋战国时代那位报仇雪耻、收复失地的国君——越王勾践。

　　当时越国被吴国侵略，几至于灭亡，勾践气得要命。他弃了温软的玉床锦被不睡，而去躺在那冷冰冰的、硬生生的，二三十根树枝和柴火搭成的柴床上，皱着眉头，咬着牙关，在那里千思万想，怎样救亡，怎样雪耻。

　　想到不能开交的时候，又伸手取下壁上所挂的那双黑黄色的胆，放在口里尝一尝。不知道是猪胆还是牛胆，大约总有一点很难尝的苦味吧。

　　这种卧薪尝胆、不忘国难国耻的精神，真是千古不能磨灭。现在我们民族已到了生死存亡的关头，正是我们举国上下一致共同吃苦的时期，这个越王勾践发愤有为、救亡图存的史实，不应被看作老生常谈，过于平凡，实当奉为民族复兴的警钟，有再提重提的必要。

　　卧薪尝胆，是要尝目前的苦味，纪念过去的耻辱，努力自救，既以免将来生更大的惨变，复可争回民族固有的健康。

但，对于苦味的意义，我们都还没有一番深切的了解吗？

为什么尝一尝胆的苦味，就会影响国家的危弱呢？

这是因为胆的苦味，触动了舌头上的神经，那神经立刻通知大脑，大脑顿时感到苦的威胁了。由小苦而联想到大苦，由小怨而联想到大怨，由一身的不快而联想到一国的大恨，由局部的受侵害而全民族震撼了。胆的味虽小，我们民众，个个都抱着尝胆的决心，那力量是不可侮的。

大脑分派出的"感觉神经"，在舌头的肉皮下四面埋伏着。那些神经的最前线，叫作"味蕾"，是侦察味之消息的前哨。这些味蕾的外层有好几个扁扁平平的普通细胞，内层则由6个或8个有特种职务的细胞，叫作"味细胞"所组成。味蕾不是舌头上处处都有的，有的单有一个孤独的味细胞散在各处，也就能知味了。所以味蕾好比一队一队的武装警士，味细胞就好比是单身的便衣侦探了。从口里来往的客货，通通要经过它们的检查盘问呀。

运到口里的客货，大部分都是充为食品的，那些食品当中，有好有坏，有美有丑，一经味蕾审查，没有不发觉的。虽然，这也不一定十分靠得住。有时，无味而有毒的物品，也可以混过去。何况有美味的食品，不一定就没有毒。又何况有毒的食品，也可以用甜美的香料来装饰，就如我们中国的敌人，一面步步尺尺侵略，一面还要口口声声亲善。倒是胆的味虽苦而无毒，反可以时时刻刻提醒我们雪耻精神，再接再厉地奋斗。

味的发生，是有味物品和味细胞的胞浆直接接触的结果。

然而干的物品放在干的舌头上面，是没有味的。要发生味的感觉，那物品一定要先变成流体，或受口津的浸润、溶化。这就像民众的爱国观念，须先受民族精神的训练，国际知识的灌溉。没有训练、没有知识的民众，只堪做他人的奴隶、牛马而不自觉。

味并不是物品所固有的，并不是那物品的化学结构上的一种特性。

味是味细胞的特有情绪、特有感觉，受外物的压迫而发动。

蔗糖、饴糖和糖精，三种物品，在化学结构上大不相同，而它们的味却都是甜甜的。且糖精的甜味，500倍于蔗糖。

点拨

用打比方的说明方法将"味蕾""味细胞"之间的关系作以简要说明。武警战士与便衣侦探的比喻生动形象，便于读者理解。

点拨

民众的爱国观念，不是与生俱来的，是需要经过民族精神的熏陶、国际知识的学习，潜移默化才能形成。

反之，淀粉是与蔗糖一类的东西，反而白白净净，一点味都没有。

味又不一定要和外来的物品接触而发生，自家的血液内容，若起了特殊的变化，也会和味发生关系。

糖尿病的人，因为血里面的糖太多，有时终日都觉得舌头是甜甜的。

黄疸病的人，因为胆汁无限制地流入血中，因此成天地舌底卧面都觉得是苦苦的。

有的生理学者说，这些手续，这些枝节，都不是绝对必要的。只需用电流来刺激味的神经，也会发生味的感觉。用阳极的电来刺激，就发生酸味；用阴极的电，就发生苦味。

总之，味的感觉，是味细胞潜伏着的特性，不去触动它，是不会发作的。

在这一点，味仿佛似一般民众的情绪。不论是国内的汉奸，或本地的劣绅，不论是哪里冲来的敌人，东洋还是西洋，谁叫我们大众吃苦头的，谁就激起了大众的公愤，一律要反抗，一律要打倒。

生理学家又说：味的感觉，虽有种种色色，大半不相同，但基本的味、单纯的味只有四种。哪四种？

一种是糖一般的甜，一种是醋一般的酸，一种是盐一般的咸，一种是胆一般的苦。

这四种，再加上香、臭、腥、辣、冷、热、油滑或粗糙，味的变化可就无穷了。这些附加的感觉都不是味，而味的本身却为其所影响，而变成混杂的感觉。

所以我们若塞着鼻子吃东西，许多杂味都可以消除。许多杂味都是鼻子的感觉，不是我们舌头真正的感觉呀。

孔子在齐国听到了韶乐，有 3 个月的光阴，不知道肉是什么味。这是乐而忘味，并不是舌头的神经麻木了。舌头的神经，万一麻木，就如舆论不自由，是顶苦的苦情啊！

纯甜，纯酸，纯咸，纯苦，这四种单纯的味，在舌头上各有各的势力范围，各的地盘。舌尖属甜，舌底属咸，舌的两旁属酸，舌根属苦。

生理学者就各依它们的地盘，去测验这四味的发生所需要的刺激力之最小限度。

研究的结果是，每 100 立方毫米的清水里面：

盐，只需放 0.25 克，就觉着咸；

糖，只需放 0.50 克，就觉着甜；

盐酸，只需放 0.007 克，就觉着酸；

鸡纳，只需放 0.000 05 克，就觉着苦。

可见我们对于苦，有极大的感觉。我们的舌根，只需极轻微的苦味就能发觉了。

真的，我们要知苦，还用不着尝胆哩。

这年头是苦年头，苦上加苦，身家的苦，加上民族的苦。

苦是苦到头了，现在所需要者，是对于苦之意义的认识。要解除苦的羁绊，还是靠我们吃苦的大众抱着不怕苦的精神，团结起来，努力向前干。

1935 年 12 月 20 日　上海

点拨

用列数字的说明方法，罗列每 100 立方毫米清水中咸、甜、酸、苦四种味道的最低感受值，通俗易懂，直观明了。

阅读思辨

1. 味的感觉，虽有种种色色，大半不相同，但基本的味、单纯的味只有四种。请说一说有哪四种。

2. 纯甜、纯酸、纯咸、纯苦，这四种单纯的味，在舌头上是如何分布的？

日积月累

1 卧薪尝胆，是要尝目前的苦味，纪念过去的耻辱，努力自救，既以免将来生更大的惨变，复可争回民族固有的健康。

2 苦是苦到头了，现在所需要者，是对于苦之意义的认识。要解除苦的羁绊，还是靠我们吃苦的大众抱着不怕苦的精神，团结起来，努力向前干。

触——清洁的标准

阅读提示

从生理学的角度看，人本没有高低贵贱之分，无论是车夫走卒，还是达官贵人都是由各种细胞组成的。皮肤的外层是由无数鱼鳞式的细胞构成的，而这些细胞时时刻刻都在死亡，引来无数贪吃的细菌。其中白葡萄球菌占比最高，黄葡萄球菌次之，变形杆菌之类偶来游历。

人是什么造成的呢？

生理学家说：人是血、肉、骨和神经等各种细胞组织而成。

化学家说：人是碳水化合物、蛋白质、脂肪等配制而成。更简单点说，人是糖、盐、油及水的混合物。

先生、太太、姨娘、车夫、小姐、少爷、女工，不论是哪一种人，哪一流人，在科学家看来，都是一样耐人寻味的活动试验品，一个个都是科学的玩具。

说到玩具，我记起昨天在一位朋友家里看见了一个泥美人，这个美人，虽是泥造的，却眉目如生，逼煞真人，也许比我所见过的真的美人还美一分。泥美人与真美人不同的地方，一是没有生命的泥土，一是有生命的血肉。然而表面的一层皮，都是一样好看，鲜艳可爱。

记得不久之前，我到"新光"去看《桃花扇》，从戏院里飘出来一位装束时髦的贵妇人，洋车夫争先恐后地抢上去拉生意。那贵妇人轻竖蛾眉，装出不耐烦而讨厌的样子，"呸"的一声，急急地和他后面的一个西装革履的男子，跳上汽车走了。我想：那贵妇人为什么这样讨厌洋车夫呢？恐怕都是外面这一层皮的颜色和气味不同的缘故吧！里面的血肉原是一样的啊！

同是血肉，不幸而为洋车夫，整天奔跑，挣一点钱，买几块烧饼吃还要养家，哪里有闲工夫天天洗澡，有闲钱买扑身粉，以致汗流污积，臭味远播，使一般贵妇人见而急避。

同是血肉，何幸而为贵妇人，一天玩到晚，消耗丈夫的腰包，涂脂搽粉，香闻十里，使洋车夫敢望而不敢近。

现在让我们细察皮肤的结构，看上面到底有些什么。

皮肤的外层是由无数鱼鳞式的细胞所组成的。这些皮肤细胞时时刻刻都在死亡。同时，皮肤的内层有脂肪腺，时时都在出油；有汗腺，时时出汗。这些死细胞、油、汗，和外界飞来的灰尘相拌，便是细菌最妙的食品。于是细菌远近来归，都聚集于皮肤毛孔之间，大吃特吃。

这些细菌里面，最常见的为"白葡萄球菌"，占90%，每个人的皮肤上都有。这种细菌，虽寄食于人却无害于人，但它的气味却有一点寒酸。

次为"黄葡萄球菌"，占5%。这种细菌可厉害了。它不甘于老吃皮肤上的污垢，还要侵入皮肤内层去吃淋巴，被微血管里的白血球看见了，双方一碰头，就打起仗来。于是那人的皮肤上就生出疖子，疖子里面有白色的脓液，脓液就是白血球和"黄葡萄球菌"混战的结果。

其他普通的细菌，如"大肠杆菌""变形杆菌"及"白喉类杆菌"，有时也在皮肤上发现。但是皮肤不是它们的用武之地，不过偶尔来到这里游历而已。

皮肤走了倒运，一旦遇到了凶恶狠毒的病菌，如"丹毒链球菌""麻风杆菌""淋球菌"之类，那就有极大的危险，不是寻常的事了。

我们既不能停止皮肤流汗出油，又不能避免它和外界接触。所以唯一安全的办法，就是天天洗澡。然而天天洗，还是天天脏，细胞还须天天死，细菌还要天天来，何况在夏天，何况不能常洗之人，如洋车夫、小工人等，真是苦了一般体力劳动者了。

不过，整天在烈日下奔走劳作的劳动者，袒胸露臂，光着两腿，日光就是他们的保障。日光可以杀菌，他们无时不在日光浴，而且劳动不息，肌肉活泼，血液流通，皮肤坚实，抵抗力甚强。这是他们天然健康

点拨

同是血肉组成，洋车夫和贵妇人有着不同的生活方式，一个为生活奔波，一个涂脂抹粉。本不应该存在贵妇人对洋车夫嗤之以鼻的现象，毕竟大家归根到底都是一样的血肉之躯。

点拨

黄葡萄球菌占人体数量虽少，但野心很大，幸亏有其天敌白血球的严密防卫，才能让人体免受侵害。

点拨

洗澡、日光浴、增强抵抗力是抵御细菌的三件法宝，所以我们不仅要加强锻炼，还要保持个人卫生。

091

美，细菌可吃其汗，而不敢吃其血，所以他们身上，汗的气味虽浓，皮肤病则不多见也。

摩登妇女天天洗濯，搽了多少粉，喷了多少香，蔻丹胭脂，无所不施，然而她能拒绝细菌不时地吻抱吗？而且细菌顶喜欢白嫩而柔弱的肉皮，谓其易于进攻也。于是达官贵人的太太、小姐乃至于姨太太，等等，春天也头痛，秋天也心跳，冬天发烧，夏天发冷。

这样看来，同是肉皮，何必争贵贱，难道这一层薄薄的皮肤，涂上一些色彩，便算得健康和清洁的标准吗？

我们再移转眼光去观察鼻孔、咽喉、口腔以至于胃肠各部的清洁程度。

鼻孔的门户永远开放。整天整夜在那里收纳世界上的灰尘，虽经你洗了又洗，洗去了一丝丝鼻涕，一下子，灰尘携着成千上万的细菌又回来了。在北平，大风一刮，走沙飞尘，这两个鼻孔，更像两间堆煤栈，犹幸鼻毛是天然的滤斗，把细菌灰尘都挡驾了。这些来拜访的小客人，多半都是"白喉类杆菌"及"白葡萄球菌"。有时来势凶猛，挡不住，被它们冲进去，到了咽喉。

咽喉是入肺的孔道，平时四面都伏有各种细菌，如"八叠球菌""绿链球菌"及"阴性革兰氏球菌"之类。咽喉把守不紧，肺就危险了。

口腔虽开关自主，而一日三餐，说话之间，危机四伏。睡眠之时，张开大口，尤为危险。从口腔，经胃肠，至肛门，这一条大道，自婴儿呱呱坠地以来，即辟为食品商埠，更进而为细菌殖民地。细菌之扶老携幼，移民来此者摩肩接踵，形形色色，不胜枚举，其中以寄居于大肠里面的"大肠杆菌"最为著名，足迹遍人类之大肠。

这些熙熙攘攘的细菌，为摩登妇人所看不见，洗不净，不得不施以香粉，喷以香水，以掩其臭。这是车夫工人与达官贵人的共同点。车夫之肠固无二于贵人之肠也，车夫之屎不加臭，贵人之屁不加香。

然而贵人之食过于精美又不劳动而造成胃弱肠痛之病，车夫粗食，其胃甚强。这点贵人又不如车夫了。

贵人、贵妇人等，只讲面子，讲表皮上的漂亮、香甜，而内在的坚实、纯洁却让与车夫、工人了。

1935 年 10 月 12 日

点拨

存在即合理。人体的每一个部位都有其存在的意义和价值，鼻孔虽然像堆煤栈，但鼻毛可以充当滤斗，帮人类抵挡细菌。

细菌的衣食住行

阅读提示

衣食住行也是"菌"生大事。每个细菌都穿着一层名叫"荚膜"的蜡制外衣；细菌的饮食尤为复杂：有素食主义者，也有肉食爱好者，更有荤素都不食者；在"住"上就更不消说了，他们一生随性、爱自由，奉行"走到哪儿吃到哪儿"的原则；至于"行"，苍蝇和人等生物便是细菌最得力的交通工具。

阅读笔记

衣食住行是人生的四件大事，一件都不能缺少。不但人类如此，就是其他生物也何曾缺少一件，不过没有人类这样讲究罢了。

细菌是极微极小的生物，是生物中的小宝宝。这位小宝宝穿的是什么？吃的是什么？住在哪里？怎样行动？我们倒要见识见识。

好呀，请细菌出来给我们看一看呀！

不行，细菌是肉眼看不见的东西，它比我们的眼珠就小了 2 万倍呀。幸亏 260 年前荷兰有一位叫列文虎克的看门老头子发现了它。列文虎克先生一生的嗜好就是磨镜头，在他屋子里存着好几百架自制的显微镜，他天天在镜头下观察各种微小东西的形状。有一天他研究自己的齿垢，忽然看见好些微小的生物在唾液中游来游去，好像鱼在大海中游泳一般。这些微小的生物就是我们现在所要介绍的细菌。自从发现细菌以后，经过许多科学家辛辛苦苦研究，现在我们已渐渐知道它的私生活的情况了，但是大众对于细菌不过偶尔闻名而已，很少有见面的机会，至于它的衣食住行更莫名其妙了。

我们起初以为细菌实行裸体运动，一丝不挂，后来经过详细地观察，才晓得它们个个都穿着一层薄薄的衣服，科学的名词叫作荚膜。这种衣服是蜡制的，要把它染成紫色或红色才看得清楚。细菌顶怕热，若将它们抹在玻璃片上放在热气上烘，顷刻间这层蜡衣就会化走，露出它们娇嫩的肤体。它们又很爱体面，当它们来到人类或动物的体内游历，或在牛奶瓶中盘桓之时，穿得格外整齐，这层蜡衣显得格外分明。细菌的种族很多，其中以"荚膜杆菌""结核杆菌"及"肺炎球菌"三族衣服穿得特别讲究，特别厚，特别容易为我们所认识。

细菌的吃最为奇特而复杂，我们若将它们详详细细地分析一下，也可以写成一部食经。在这里不便将它们的全部秘密泄露，只略选其大概而已。细菌是贪吃的小孩子，它们一见了可吃的东西便抢着吃，吃个不休，非吃得精光不止。但它们也有吃荤绝对不吃素的，也有吃素绝对不吃荤的，所以我们有动物病菌与植物病菌之分。大多数的细菌都是荤素兼吃。有的细菌荤素都不吃而去吃空气中的氮，或无机化合物如硝酸盐、亚硝酸盐、阿摩尼亚、一氧化碳之类。此外，还有吃铁的铁菌和吃硫黄的硫菌。更有专吃死肉不吃活肉的腐菌和专吃活肉不吃死肉的病菌。麻风的病菌只吃人及猴子的肉，不肯吃别的东西。平常住在水里或土壤里的细菌，到了人或动物的身上就要饿死。然而结核杆菌及鼠疫杆菌等这些穷凶极恶的病菌就很调皮，它们在离开人体到了外界之后又能暂吃别的东西以维持生活。在吃的方面，细菌还有一种和人类差不多的脾气，我们不可不知道的，就是太酸的不吃，太咸的不吃，太干的不吃，太淡而无味的也不吃，大凡合人类的胃口也就合它们的胃口。所以人类正在吃的有味的东西，想不到它们也在那里不露声色地偷吃呢。

细菌的住和食是连在一起的，吃到哪里就住到哪里，在哪里住就吃哪里的东西，它们吃的范围是这样广大，它们住的区域也就无止境了。而且它们在不吃的时候也可以随风飘游，它们的子孙便散布于全地球了（别的星球有没有我们还没有法子知道。从前德国有一位科学家特意坐气球上升到天空去拜访空中的细菌，他发现离地面 4 000 米之高还有好些细菌在那里徘徊）。大部分的细菌都是以土壤为归宿，而以粪土中所住的细菌为最多，大约每 1 克重的粪土住有 115 000 000 个细菌。由土壤而入

点拨

本段把细菌的荚膜比作其衣服，赋予细菌人性化特征，认为细菌很爱体面，生动形象，令人印象深刻。

点拨

细菌微小到人类肉眼无法看见，但他们无处不在，且在饮食上各有脾性，看来细菌虽是吃货，却也有挑食的呀！

点拨

列数字，详细列举出 1 克粪土中细菌的数量，准确而又直观地展现细菌之无处不在，更有力地说明了粪土中细菌数量多。

于水，便以水为家，到了人及动植物身上，便以人及动植物的身体为家。还有一种细菌叫作"嗜热菌"，在温泉里也可以过活。

好多种细菌身上都有一根根或多根活泼而轻松的鞭毛。这鞭毛鼓舞起来它们便可在水中飞奔，伤寒杆菌能于 1 小时之内渡过 4 毫米长的路程。这一点路在细菌看来实在远得很，因为它们的身长尚不及 2 微米，而 4 毫米却是 2 微米的 2 000 倍。霍乱弧菌飞奔得更快，它们可于 1 小时之内渡过 18 厘米长的路程，比它们的身体长 9 万倍，别的生物都不能跑得这样快。然而细菌若专靠它们自己的鞭毛游动毕竟走得不远。它们是喜欢旅行，喜欢搬家的，于是不得不利用别的法子。它们看见苍蝇附在马尾还能日行千里，老鼠伏在船舱里犹能从欧洲搬到亚洲，它们何不附在苍蝇和老鼠身上，岂不是也可以游历天下吗？于是蚊子苍蝇就成了它们的飞机，臭虫跳虱就成了它们的火车，鱼蟹蠓蛤就成了它们的轮船，自由自在地到处观光。不仅如此，它们还会骑人，在这个人身上骑一下又跳到另外一个人身上骑一下，你看，在电车上，在戏院里，在一切公共的场所，这个人吐了一口痰，那个人说话口沫四溅，都是它们旅行的好机会呀。

点拨

苍蝇、老鼠会假借外力，细菌也不例外。细菌可以乘坐"飞机""火车""轮船"到处自由观光。放眼历史的长河，我们人类也在借助外力丰富文化知识，增强科技进步。

阅读思辨

❓ 1.文中提到细菌在"吃"这一方面有和人类差不多的脾气，请简述其饮食的脾气。

❓ 2.细菌可以借助鞭毛飞行，但仅靠鞭毛周游世界并不现实，那细菌出行的交通工具是什么呢？

细菌的大菜馆

人类开始的那一天，亚当和夏娃手携手，赤足露身，在伊甸河畔的伊甸园中，唱着歌儿，随处嬉游，满园树木花草，香气袭人。亚当指着天空一群飞鸟，又指着草原上一群牛羊，对夏娃说：看哪！这都是上帝赐给我们的食物呀。于是两口子一齐跪伏在地上大声祷告，感谢上帝的恩惠。

这是犹太人的宗教传说。直到如今，在人类的半意识中，犹都以为天生万物皆供人类的食用、驱使、玩弄而已。

希腊神话中，奥林匹斯山上一切天神都是因人而设，如爱神司爱，战神司战，谷神司食，因为人而创出许多神来。

我们古老国家的一切山神、土地、灶君、城隍也都是替人掌管，为人而虚设其位。

这些渺渺茫茫无稽之谈都含有一种自大性的表现，自以为人类是天之骄子，地球上的主人翁。

自达尔文的《物种起源》出版，就给这种自大的观念迎头一个痛击。他用种种科学的事实，说明了人类的祖先是猴儿，猴儿的祖宗又是阿米巴（变形虫），一切的动物都是远亲近戚。这样一说，人类又有什么特别

点拨

东西方神话传说是人类早期思想的映射，人类习惯以主人翁自居。其实从宏观来看，地球是一个整体，万物平等而相互联系。

贵重的呢？人类不过是靠一点小聪明，得到一些小遗产，走了幸运，做了生物的官，刮了地球的皮，屠杀动物，砍折植物，发掘矿物，以饱自己的肚皮，供自己的享乐，又造出种种邪说，自称为"万物之灵"。

布伦费尔先生，美国的一位先进的细菌学家，正在约翰·霍普金斯大学医院实验室里穿着白衣坐在黑漆圆凳子上，俯头细看显微镜下的某种大肠杆菌，忽然听见我讲到"饱自己的肚皮"一句，不禁失声大笑，没有转过头来，接着就说，带有一半不承认我的话的语气："饱谁的肚皮呀？恐怕不仅饱人类自己的肚皮吧？你就没想到人类的肚子里还有长期的食客、短期的食客、来来往往临时的食客呀。一个个两条腿走来走去的动物，还是细菌的游行大菜馆呀。"

我本来处于摇摇孤单的地位，硬着胆说了前面的一篇话，已预计会被听众包围问难，被他这一问，倒惊退一步。但他不等我回答，又站起来，回过身倚着实验桌旁，接着侃侃而谈："不仅人类的肚皮是细菌的菜馆，狮虎熊象、牛羊犬鼠、燕雁鸦雀、龟蛇鱼虾、蛤蚌蜗螺、蜂蚁蚊蝇，乃至于蚯蚓蛔虫，举凡一切有脊椎和无脊椎的动物，只需有一个可吃的肚皮或食管，都是细菌的大小菜馆、酒店。不但如此，鼻孔喉咙还是细菌的咖啡馆，皮肤毛管还是细菌的小食摊，而地球上一沟一尘，一瓢一勺，莫不是它们乘风纳凉饮冰喝茶之所。细菌虽小，所占地盘之大，子孙之多，繁殖之速，食物之繁，无微弗至，无孔不入，诚人类所不敢望其肩膊。所以这世界的主人翁、生物的首席，与其让人类窃称，不如推举细菌。"

他说到这里顿了一顿，我赶紧含笑插进去说："然则弱小细微的东西从今可以自豪了。你的话一点都不错。强者大者不必自鸣得意，弱者小者毋庸垂头丧气。大的生物如恐龙巨象，因为自然界供养不起，早已绝种。现在以鲸鱼为最大，而大海之中不常见。老虎居深山中，奔波终日，不得一饱，看见丛林里一只肥鹿，喜之不胜，又被它逃走了。蚂蚁虽小，而能分工合作，昼夜辛勤，所获食料，可供冬日之需。生物愈小，得食愈易。我不要再拖长了。现在就请布伦费尔先生给我们讲一点细菌大菜馆的情形吧！"

布伦费尔先生是研究人类肚子里的细菌的专家。他深知其中的奥妙。

于是这位穿白衣的科学先生又开口了。这一次，他提高嗓门，用庄严而略带幽默的态度说：

点拨

把鼻孔喉咙比作细菌的咖啡馆，皮肤毛管比作小食摊，地球的沟壑比作其饮水喝茶之所，可见细菌无孔不入，无处不在。

"我们这一所细菌大菜馆，一开前门便是切菜间，壁上有自来水，长流不息，菜刀上下，石磨两列，排成半圆形，还有一个粉红色活动的地板。后面有一条长长的甬道，直达厨房。厨房是一只大油锅，可以放缩，里面自然发生一种强烈的酸汁，一种神秘的酵汁。厨房的后面，先有小食堂，后有大食堂，曲曲弯弯，千回百转，小食堂备有咖喱似的黄汁，以及其他油呀醋呀，一应俱全。大食堂的设备，较为粗简，然而客座极多，可容无数万细菌，有后门，直通垃圾桶。

"形形色色的菌客菌主菌亲菌友，有的挺着胸膛，有的弯腰曲背，有的圆脸儿涂脂搽粉，有的大腹便便，有的留个辫子，有的满面胡须，或摇摇摆摆，或一步一跳，或匍匐而入，或昂然直入。有从前门，有从后门。

"从前门而入者，多留在切菜间，偷吃菜根肉余齿垢皮屑。然而常为自来水所冲洗，立脚不定。不然，若吃得过火，连墙壁、地板、刀柄都要吃，于是乎人就有口肿、舌烂、牙痛之病了。

"这一群食客里面，最常来光顾的有六大族。一为圆脸儿的'小球菌'，二为像葡萄的'葡萄球菌'，三为珠脸儿的'链球菌'，四为硬挺挺的'阳性革兰氏杆菌'，五为肥硕的'阴性革兰氏杆菌'，六为弯腰曲背的'螺旋菌'，这些怪姓，经过一次的介绍，恐你们仍记不清啊。

"在刷牙漱口的时候，这些无赖的客人，一时惊散，但门虽设而常开，它们又不请自来了。

"婴儿呱呱坠地的一刹那间，这所新菜馆是冷清清地无声无息。但一见了空气，一经洗涤，细菌闻到腥秽的气味，就争先恐后，一个个从后门踉跄而入。假如将婴儿的肛门消毒，再用一条无菌的浴巾封好，则可经 20 小时之久，一验胎粪仍杳然无菌迹。一过了 20 小时之后，纵使后门围得水泄不通，而前门大开，细菌已伏在乳汁里面混进来了。

"在母亲的乳汁中混进来的食客以'乳枝杆菌'一族为最多，占99%，其中有时夹着几个'肠球菌'及'大肠杆菌'。

"假如母亲的乳不够吃，又不愿意雇奶妈，而去请母黄牛做奶娘，由牛奶所带来的细菌，就五光十色了。最多数的不是'乳枝杆菌'而是'乳酸杆菌'了。此外还有各种各样的'大肠杆菌''肠球菌''阳性革兰

点拨

用一连串的比喻，尽显细菌大菜馆的阔气，从切菜间到厨房，再到小食堂、大食堂一应俱全，可供细菌们尽情享用美味。

点拨

用分类别的说明方法对细菌食客们进行说明，强调食客之多，使文章条理清晰，更具说服力。

氏嗜气芽孢杆菌''厌氧菌'等，甚至有时混着一两个刺客，如'结核杆菌'，那就危险了，所以没有严格消毒过的牛奶，不可乱吃呀！

"在成年人肚子饿的时候，油锅里没有菜煮，细菌也不来了。一吃了东西，细菌就跟着进来了，厨房里变得拥挤不堪。但是胃汁是很强烈的，它们未吃半饱，都已淹死了。只有几种'抗酸杆菌'及'芽孢杆菌'还可幸免。但是对于有胃病的人，胃汁的酸性太弱，细菌仍得以自全，并且如'八叠球菌''寄腐杆菌'等竟毫无顾忌地在这厨房里组织新家庭，生出无数菌儿菌孙。而那病人的胃一阵一阵地痛了。

"过了厨房，就是小食堂。那里食客还不多。然而食客到了食堂就流连不忍去，于是有好些都由短期变成长期食客了，这些长期食客中以大肠杆菌为最主要。它的足迹走遍天下菜馆，不论是有色人种也好，无色人种也好，它都认得，每个人的肠内都有它在吃。"

说到这里，白衣科学先生用他尖长的右手的食指，指着桌上那一架显微镜说：

"我在这显微镜上看的就是这一种'大肠杆菌'。其余的食客恕我不一一详举。

"一到了大食堂，就热闹起来。摇头摆尾，挤眉弄眼，拍手踏足，摩肩攘臂，济济一堂，尽是细菌亲友、细菌本家。有时它们意见不合，争吵起来，扭作一团，全场大乱，人便觉得肚子里有一股气，放不出来。

"快到后门了，菜渣和细菌及咖喱似的黄汁相拌，一变而为屎。1斤屎有四五两细菌哩。然而大部分都是吃得太饱胀死了。

"以上所述，都是安分守己的细菌，还有一群专门捣墙毁壁的病菌，那我们不称它们为食客，简直叫它们为刺客暗杀党了。这就再请别的专家来讲吧！"

点拨

文中以"食客"和"刺客"两个别称区分细菌，可以让读者直观体会到二者的特点，一类安分守己，一类捣墙毁壁。

阅读思辨

？1.人类自以为是天之骄子、地球主人翁，但达尔文的《物种起源》却给这种观念当头一击，请简述达尔文的观点。

？2.时常光顾"大菜馆"的"食客"有几类？分别是谁？

细菌的形态

阅读提示

　　从轮廓上看，细菌大致可分为六大类：放线菌、丝菌、枝菌、球菌、杆菌、弧菌。而每一类别的细菌又根据其特点分为不同的小类。细菌种类繁多，形态万千，需静下心来仔细研究。

阅读笔记

　　有了一架可以放大至 1 000 倍左右的显微镜，看细菌是便当的事了。只需将那有菌的东西，挑下一点点涂于玻璃薄片上，和以一滴清水，放在镜台上，把镜筒上下旋转，把眼睛搁在接目镜上一看，镜中自然隐约浮出细菌的原形来。

　　但是，这样看法，就好像半夜醒来，睡眼迷离中望见天空烁烁灼灼，忽明忽昧的星河星云，看得太模糊恍惚了。

　　自柯赫❶先生引用了染色法以来，于是细菌也施紫涂朱，抹黄穿蓝，盛装艳服起来，显得格外分明鲜秀。

　　后来的细菌学家相继改良修进，革兰❷先生发明了阴阳染色法，齐尔、尼尔森两先生发明了抗酸染色法，于是细菌经过洗染之后，不仅轮廓明显，内容清晰，而且可作种种的分类了。

　　就其轮廓而看，细菌大约可分为六大类：一为像菊花似的"放线菌"，二为像游丝似的"丝菌"，三为断干折枝似的"枝菌"（即分枝杆菌），四为小皮球似的"球菌"，五为小棒子似的"杆菌"，六为弯腰曲

---

❶ 柯赫：1843—1910 年，德国细菌学家，对微生物学有卓越贡献。

❷ 革兰：1853—1938 年，丹麦细菌学家，发明了"革兰氏染色法"。

背的"弧菌"，那第六类，有的多弯了几弯，像小小螺丝钉，又叫作"螺旋菌"。

这些细菌很少孤身漂泊，都爱成双结四，集队合群地到处游行。

球菌中，有的结成葡萄儿般的一把一把数十百个在一起，名为"葡萄球菌"；有的连成珠儿般的一串一串，有短有长，名为"链球菌"；有的拼成豆儿、栗子、花生般的一对一对，名为"双球菌"；有的整整四个做成一处，名为"四联球菌"；有的八个叠成立方体，名为"八叠球菌"。

杆菌中，有的竹竿似的一节一节；有的马铃薯般的胖胖的身躯；有的大腹便便，身怀芽孢；有的芽孢在头上，身像鼓槌；有的两端肿胀，身似豆荚；有的身披一层荚膜；有的全身都是毛；有的头上留有辫子；有的既有辫子，又有尾巴。长长短短，有大有小。

细菌都有点阴阳怪气，有的阴盛，有的阳多，有的喜酸性，有的喜碱性。若用革兰先生的染料一染，点了碘酒之后，再用火酒来洗，有的就洗去了颜色，有的颜色却洗不去了。洗去的就叫作"阴性革兰氏球菌"及"阴性革兰氏杆菌"；洗不去的就叫作"阳性革兰氏球菌"及"阳性革兰氏杆菌"哩。这阴阳两大类的球菌和杆菌，之所以有别者，皆因其化学结构及物理性质有所不同，换言之，即它们生理上的作用，是不一样的呀。

有一类分枝杆菌，如著名的结核杆菌，满身都是油，很不容易染色，后来齐先生和尼先生把它放火上烘，烘得油都化走了，于是一经染色，就是放在酸汁中浸也洗不掉，这就是抗酸染色，这类杆菌又被称为"抗酸杆菌"。

染色之道益精，菌身的内容益彰。细菌身上或有芽孢，或有荚膜，或有鞭毛。前文已经隐隐提出。芽孢用以传种，荚膜用以自卫，鞭毛用以游动。

除此之外，孢中并非空无一物，有人说还有孢核，有人说还有色粒，连细菌学家都还没有一律的主见，我们俗人不管他这个。

点拨

给细菌染色，是离普通人生活很远的事情，显得很神秘，而作者叙述起来驾轻就熟，形象可感，如拉家常。

阅读思辨

❓ 就其轮廓而看，细菌大致可分为哪几类？

清水和浊水

阅读提示

水可以解毒，也可以致病，清水不易多得，浊水不可不预防。自然界水的来源，可分为地面和地心两种，地面的水有雨水、雪水、雹、冰、浅井、山泽、江河、湖沼、海洋等，地心的水就是深井的泉水。水源的干净与否，与人体的健康密不可分。

阅读笔记

去年夏天各省抗旱，今年夏天江河泛滥，农民叫苦连天，饿尸遍野，水的问题够严重的了。

伍秩庸[1]先生论饮水说："人身自呼吸空气而外，第一要紧是饮水。饮比食更为重要，有了水饮，虽整天的饿，也可以苟延生命。人体里面，水占七成。不但血液是水，脑浆78%也都是水，骨里面也有水。人身所出的水也很多，口涎、便溺、汗、鼻涕、眼泪等都是。皮肤毛管，时时出气，气就是水。用脑的时候，脑气运动，也是出水。统计人身所出的水，每天75两。若不饮水，腹中的食物渣滓填积，多则成毒。如果能时时饮水，可以澄清肠脏腑的积污，可以调匀血液使之流通畅达，一无疾病。"这一篇话，自然是根据生理学而谈。由此可见，水的问题对于人生更密切了。

然而，一杯水可以活人，一杯水也可以杀人。水可以解毒，也可以致病。于是水可以分为清水和浊水两种，清水固不易多得，浊水更不可不预防。

18世纪时，英国大化学家卡文迪许在试验氢与氧的合并时，得到了

---

[1] 伍秩庸：即伍廷芳，1842—1922年，号秩庸，清末民初杰出的外交家、法学家。

纯净的水。后来法国大化学家拉瓦锡证实了这个实验，于是我们知道水是氢和氧的化合物。这种用化学法来综合而成的水，当然是极纯净极清洁的了。然而这种水实在不可多得，只好用它做清水的标准罢了。

一切自然界的水，多少总含有一些外物。外物愈多则水愈浊，外物愈少则水愈清。这些外物里面，不但有矿物，如普通盐、镁、钙、铁等化合物之类，还有有机物。有机物里面，不但有腐烂的动植物，还有活的微生物。微生物里面，不但有普通的水族细菌，如光菌、色菌之类，还有那些专门害人的病菌，如霍乱弧菌、伤寒杆菌、痢疾杆菌之类。

自然界的水的来源，可分为地面和地心两种。地面的水有雨水、雪水、雹、冰、浅井、山泽、江河、湖沼、海洋等。地心的水就是深井的泉水。

雨水应当是很干净的了。然而当雨水下降的时候，空气中的灰尘愈多，所带下来的细菌也愈多。据巴黎蒙苏里气象台的报告，巴黎市中的空气，每1立方米含有6 040个细菌，巴黎市中的雨水，每1升含有19 000个细菌。在野外空旷之地，每1升的雨水，不过有一二十个细菌。

雪水比雨水浊，这大约是因为雪块比雨点大，所冲下的灰尘和细菌也较多吧。然而巴斯德曾爬上阿尔卑斯山的最高峰去寻细菌，那儿的空气极清，终年积雪，雪里面几乎是完全无菌的了。

雹比雨更浊。1901年7月，意大利的帕多瓦下了一阵大雹，据白里氏检查的结果，每1升雹水至少有140 000个细菌。这或是因为那时空气动荡得厉害，地上的灰尘吹到云霄里去，雹是在那里结成的，所以又把灰尘包在一起，带回地上了。

冰的清浊，要看是哪一种水结成的。除了冰山冰河，冰都是不大干净的啊，因为在冰点的低温度，大多数的细菌都能保持它们的生命啊。

浅井的水，假如井保护得法，或上设抽水机，细菌还不至于太多。若井口没有盖，一任灰尘飞入，那就很污浊了。

山涧的水，不使粪污流入，较为清净，所含的微生物多是土壤细菌，于人无害，但经一阵大雨之后，细菌的数目立刻增加了好几倍。

江河的水最是污浊，那里面不但有很多水族细菌和土壤细菌，而且还有很多的粪污细菌，这些粪污细菌都有传染疾病的危险呀。粪污何以

点拨

通过列数字的说明方法，将巴黎市空气以及雨水中的细菌数量呈现在读者眼前，直观地说明当雨水下降的时候，空气中灰尘愈多，雨水所带来的细菌也愈多。

曾流入江河里面呢？这都是因为无卫生管理，无卫生教育，于是一般无训练的民众都认为江河是公开的垃圾桶，在这一个大错之下，不知枉送了多少性命呀。

湖沼的水比江河干净。水一到了湖就不流了，因为不流，那儿无数的细菌都自生自灭，所以我们说湖水有自动洗净的能力，而以湖心的水比傍岸的水尤为清净少菌。

海水比淡水为净，离陆地愈远愈净。1892 年英国细菌学家罗素在那不勒斯海湾测验的结果，在近岸的海水中，每 1 立方厘米有 7 万个细菌，离岸 4 000 米以外，每 1 立方厘米的海水，只有 57 个细菌了。在大海之中，细菌的分布很平均，海底和海面的细菌几乎一样多。

由地心涌出的泉水和人工所开掘的深井的水是自然界最清净的水。据文斯洛的报告，波士顿的 15 个自流井，平均每 1 立方厘米只有 18 个细菌。水清则轻，水浊则重。清高宗曾品过通国之水，以质之轻重分水之上下，乃定北平海淀镇西之玉泉为第一。玉泉的水有没有细菌，我们没有试验过，即使有，一定也是很少很少的了。

水的清浊有点像人，纯洁的水是化学的理想，纯洁的人是伦理学的理想，不见世面，其心犹清，一旦为社会灰尘所熏染，则难免不污浊了。

清水固然可爱，然而有时偶尔含有病菌，外面看上去清澈无比，里面却包藏祸心，这样的水是假清水，这样的人是假君子，其害人而人不知，反不如真浊水真小人之易显而人知预防。而且浊水，去其细菌，留其矿物质，所谓硬性的水，饮了，反有补于人身哩。

化学工作上，常常需要没有外物的清水，于是就有蒸馏水的发明。一方将浊水煮开，任其蒸发，一方复将蒸汽收留而凝结成清水。这种改造的水是很清净无外物的了。

医学上用水，不许有一粒细菌芽孢的存在，于是就有无菌水的发明。这无菌水就是将装好的蒸馏水放在杀菌器里消灭，将水内的细菌一概杀灭。这样人工双重改造过的水，是我们今日最纯净的清水了。

浊水还可以改造为清水，人呢？

1935 年 8 月 10 日

阅读笔记

105

地球的繁荣
与土壤的劳动者

阅读提示

> 地球是我们人类的家乡，地球上的生物经历了阿米巴和海藻、三叶虫、大鱼小鱼、癞蛤蟆、爬虫、飞鸟、哺乳类动物、原始人等进化过程，逐步实现地球的繁荣。土壤是一切生命创作的源泉，而细菌又是土壤的劳动者，它的使命就是变换土壤的性质，补充土壤的原料。

　　吾乡福州，环山抱海，在人迹未到之前，原是闽江北岸鼓山脚下一片荒地，几块乱石而已。后来，由苗民部落，而田舍、小村、小镇，而县城，而府治，而今日福建的省会，其间也曾做过好几年帝王的宫城，至今城内犹留下三座秀丽的小山——于山、乌石山及屏山。当苗民初来时，荆棘野草满目，不堪行人。后经他们一步一步地踏成羊肠小径，渐渐化为泥路。汉族移民到此，把它砌成石子路，又改造为石板路。吾家在于山之麓，我幼时，到明伦小学去读书，天天从家里出来，要转好几个弯，这些石板路，是走得极其纯熟的了。谁知15年之后，回到故乡，已街道改观，不识旧人，三坊七巷之间，都是宽大平坦的马路了。

　　由羊肠小径变成平坦大道，由荒野乱石变成热闹的都市，这个浩大的工程，谁的功，谁的力，谁的汗滴成的呢？

　　埃及的金字塔，中国的万里长城，欧洲各处的大教堂、皇宫，纽约的摩天大厦,地球上一切伟大的建筑物,君王只需一道命令,阔佬只需一张支票,工程师不过绞了一点脑汁,谁在那里天天流汗、呼喊、挣扎而造成的呢?这些建筑物,千古长存,任人凭吊,而流汗的大众却早已被后人所遗忘了。

太阳是群星的一颗,地球又是太阳的一粒碎片,福州只是地球上的一抔黄土、几根青苔而已,那些大的建筑物在地图上也不过是一点一圈一横一直罢了。

地球是我们人类的家乡。地球的年龄,据地质学家的估计,大约是46亿年。当它初从太阳怀里落下来的时候,是一团火焰,熔化着各种元素。后来慢慢地冷却下来,凝结成了一块橘子形的大石头,直径不及8 000英里❶,地心犹是火焰,地面热腾腾的蒸汽。后来地面起了皱纹,凹凸不平,凹处蒸汽冷了,变成海洋,凸处成为高山。高山的岩石,被风霜冰雹打成碎片散沙,为大雨所冲洗而下,随江河的急流而入于海。这些散沙,在海底浸润了几千万年之久,变成烂泥,等到了环境和气候都适合生物生存的时候,于是小小的生物,如阿米巴、海藻之类,斯斯文文,不慌不忙地,从烂泥中一个个跳出来,和太阳行见面礼。这时候的地球是阿米巴和海藻的世界了。

又过了几千万年之后,三叶虫出世,夺了阿米巴的宝座,自称为大海霸王,如今一切的昆虫,都是它后代的儿孙。

再过了几千万年,大鱼小鱼都出世了,还有一跳一跳的癞蛤蟆也跟着后面来了。有一天癞蛤蟆露出头来在水面观光,发现了陆地,大喜,"哇"的一声,一跃而上,觉得这里倒很清净,从那天起,时时带它的老婆儿女,出没于水陆之间,号称两栖。这时候,陆地上也有了一层烂泥了。

由于蛤蟆的领导,大海里的动物都要爬到陆地上去觅食,但是它们水里游泳已惯,一旦爬上岸,只得匍匐蹒跚而行,后来觉得陆地上有趣,都不肯回到水中,于是就有爬虫类的出现。这些洪荒时代的爬虫都是奇形怪状,庞大无比。它们无时不在追捕弱小的动物,以充饥肠。弱小的动物被它们追得无处逃生,经过几百万年的奋斗,果然有一天,前身两

点拨

地球的形成过程是一个极其复杂且漫长的演化过程。地球为人类提供了生存的环境,我们要保护地球这个大环境,切勿以人力破坏它。

❶ 英里:英美制长度单位,1英里 ≈ 1.609 3千米。

臂渐渐化成翅膀，奋力一伸，飞上天空，于是天空就有了飞鸟了。

　　地面上的气候，一天比一天冷了。赤身光体的爬虫抵不住寒风的侵袭，为应付新环境，自然界就产生了哺乳类动物。哺乳类全身都有很厚很长的毛，可以御寒。它们又感到卵生之不便，把孵育的工作收回子宫里面，等到胎儿的雏形完成之后，才离开母体。胎儿出生之后，又把它放在安全的地方，喂以母乳，教之觅食，直到长成能自己觅食为止。这时候陆地上已有了森林。

　　哺乳类动物以猿猴为最聪明。它利用两手攀登树木，剖吃果实，渐渐有了起立步行之势。

　　大脑渐渐地发达了，有了记忆力，就发生了情感作用；有了想象力，就发生了理智作用。结合情感与理智，便有了创作发明的力量，于是原始人竟和猴子有些不同了。他看见地上有许多石子和火石，就拣几个起来，制成种种石器，或粗或细，可以猎食，可以防身。由原始人到现在，据说已有 50 万年的光阴了。至少，在第四次冰河退走之后，第一个和现代人一样身材容貌之真人出现的时间，距今也有 25 000 年了。

石器时代过去了。人类分支繁殖起来，征服了动植物，居然做了地球上唯我独尊的主人翁了。由狩猎的生活而进为渔牧的生活，而进为耕种的生活，而进为工厂机械商人大腹贾的生活了。由野人一变而为酋长，由酋长一变而为国王皇帝，由国王皇帝一变而为资本家，资本家一亡，便为劳动者的世界了。由于怕鬼怕天怕黑暗而入于神学的思想，神学不足信，乃代以玄学，玄学不足信，乃代以科学发达起来，于是火车、汽车、轮船、飞机、无线电、120 层摩天楼、电梯，一上一下，飞来飞去，时东时西，忙个不停，流线型的生活，穷极物质之奢，把地球的面皮抓得怪痒怪痒难受的。假使原始人复活起来，走到南京路上，一定目瞪口呆，东张西望，不知怎样是好，手里所存的一块石子也忘其所用了。现代人果然厉害！

然而，追本溯源，生物的原始是从烂泥中出来的，地面上一切生物的繁荣也都靠着烂泥里面食料的供给，源源不绝。人类一切的进步，科学一切的发明，也都要归功于烂泥。烂泥是一切生命创作的源泉啊。

烂泥就是土壤。土壤的结构，是矿物的粉粒与有机物的碎片相拌，再和以水或空气。有机物是由于动植物的尸身分解而来。动植物的死亡相继不已，则有机物的供给无穷。然而矿物的粉粒有时不足。徒有有机物而无矿物，则是垃圾堆，不是土壤；徒有矿物而无有机物，则是沙滩，也不是土壤。

所以，要使土壤里面的食料不至于完尽，以维持地球的生活，一定要时时补充，时时变换。这变换和补充的职务，谁能担任呢？谁是土壤的劳动者呢？

是蚂蚁吗？是蚯蚓吗？

蚂蚁、蚯蚓，在土壤里钻来钻去，忙的是自己的吃饭和居住的问题，不过它们奔走的结果，确有疏松土壤之功，使空气得以流通，然而对于变换和补充土壤的工作，它们是丝毫没有能力的啊。

点拨

土壤中富含有机物和矿物，能够为地球上一切生物的繁荣源源不断地提供食料的供给，两者缺一不可。

点拨

细菌是土壤的劳动者,不仅有疏松土壤、使空气得以流通之功,还有补充土壤原料的作用,细菌对于土壤而言,作用明显。

是人类的锄头吗？是农人所施种的肥料吗？

锄头也不过是疏松土壤,肥料只是增加土壤里有机物的容量而已。

土壤的劳动者,就是我们肉眼看不见的小宝宝,叫作细菌啊。土壤细菌的生生世世,唯一的工作、唯一的使命,就是变换土壤的性质,补充土壤的原料。这等工作,除了土壤细菌,断非其他生物所能胜任。

大多数的土壤细菌,都盘踞在离地面 2 ~ 9 英寸深的土壤里面。入土愈深则细菌愈少,在含湿气多的土壤,两三英尺深以下,就几乎完全没有细菌了。在经人灌溉过的松软的土壤里面,到了 9 英尺深,还有细菌。每克土壤,含有 300 万 ~ 2 亿个细菌。有这样多的细菌在那里工作,无怪乎土壤常常是又肥又新鲜。

自阿米巴以至于人类,自青苔绿藻以至于大树上的残花枯叶,地球上一切的生物不死则已,死了都要归入土中。细菌见了就围着吃,慢慢地把它们身上的复杂的蛋白质,或纤维素,一点一点地都分解下来。有的变成碳酸气,送入空气中。有的变成阿摩尼亚,又氧化成为硝酸盐,这硝酸盐就是植物的最重要的一种食料,植物的根可以从土中自由吸收。硝酸盐是土壤的宝藏,它的供给之所以能源源而来,就是靠着土壤细菌昼夜不息地工作哩。土壤细菌实是地球上最重要的劳动者,土壤的变换与补充实是地球上最浩大的工程。

然而,在这资本主义还没有完全消灭的时代,劳动者还是被人看不起,小小的土壤细菌能引起人类的注意吗？

1935 年 10 月 9 日

阅读思辨

? 1.简要叙述为什么说土壤是一切生命的源泉。

? 2.简述地球形成的过程。

细菌学的第一课

阅读提示

作者学习细菌学的第一课，首先了解了一些细菌学的常识，然后就是学做棉花塞。除了在显微镜下观察形形色色细菌的形态，作者还看到了各种用于细菌学研究的小动物。细菌学第一课充满新奇，让人收获颇丰。

阅读笔记

《读书生活》的编者要我写一篇生活记录。我想一想，我过去的生活，自己以为最值得写出来的，还是在美国芝加哥大学研究细菌学的那几年。但是若把它都记录出来，要成一部书。所以只拣出第一天上细菌学的第一课时的情景一一追述，比较浅显而易见，使读书好像也站在课堂和实验室的门口，或踮着脚尖儿站在玻璃窗前面，望望里面，看看有什么好看，听听讲些什么，也不至于白费这一刻读书工夫罢了。关于细菌学，我已在《读书生活》第二卷第二期起，写过一篇《细菌的衣食住行》。此后仍要陆续用浅显有趣的文字，将这一门神秘奥妙的科学化装起来，不，裸体起来，使它不变成专家的奇货，而是大众读者的点心兼补品。细菌学的常识的确是有益于卫生的补品，不过要装潢优雅，价钱便宜，而又携带轻便，大众才能吃，才肯吃，才高兴吃，不然不是买不起，就是吃了要头痛胃痛呀！

立克馆在芝加哥大学，是美国最老的细菌学府，是人类和恶菌斗争的一个总参谋机关。

1926 年的夏天，那天我正在立克馆第七号教室上细菌学的第一课，同班只有两个美国哥儿，两个美国小姐，一个鬈发厚唇的美洲黑人，连我共6人。大家都怀着新奇的希望，怀着电影观众紧张的心理，心里痒痒地等候着铃声。铃声初罢，一位戴白金丝眼镜的人，穿着白色医生制服，踏着大学教授的步子进来了，手里还抱着一大包棉花。

"细菌学是一个新生的科学婴孩呀……250年以前有一位列文虎克先生，列文虎克先生是荷兰人呀，他顶会造显微镜，他造的显微镜比别人都好呀……巴斯德先生看见一个法国小孩子被疯狗咬了，心里很难过……柯赫先生发现了结核杆菌，德国的民众都欢天喜地，全欧洲都庆贺他，全世界都感激他……现在日本有一位野口博士亲自到非洲去，得了黄热病，就拿自己的血来试验……我们立克馆的馆长——左当博士也是一个细菌学的巨头，没有他和他的同事的努力，巴拿马运河是建不成功的呀；没有他，芝加哥的水仍会吃人的呀……"他娓娓动听地说了一大篇。

"现在我要教你们做棉花塞。"他一边解开棉花一边换一个音调继续说，"棉花塞虽是小技，但用途很大。我们之所以能寻出种种病原菌，它的功劳就不小，初学细菌学的人第一件要先学做棉花塞。原来棉花有两种：一种好比海绵，见了水就淋淋漓漓地湿作一团；一种好比油布，沾一点水不至全湿。我们要用第二种。拿一些这种不透水的棉花，捏作一丸，塞进玻璃管便可划分成内外两个世界，七分塞进里面，不松不紧，外界的细菌不得进去，内界的细菌不得出来。若把内界的细菌用热杀尽，内存的食品就永远不臭不坏。"说到这里，他将棉花分给我们6个人各自练习。此时窗外热气腾腾，窗内热汗滴滴，我一面试做棉花塞，一面品味白衣教授的话。

我们每人都塞满了一篮的玻璃瓶试管了。接着他就吩咐我们每人都去领一个显微镜，再到第十四号实验室里会合。

我刚从仪器储藏室的小柜台口领到一件沉重的暗黄色木箱子，一手提嫌太重，两手提嫌太笨，后来还是两手分工轮流着提。回到了立克馆，出了一身汗，进了第十四号实验室，看到同班人都穿了白色制服，坐在那长长的黑漆的实验桌前面，有的头在俯着看，有的手在不停地擦拭，每一位桌上都装有一个电灯和一个自来水龙头。我也穿了白衣，打开我的木箱子，取出一件黑色古董，恭恭敬敬地把它放在桌上。

这时候进来了一个矮胖子，神气不似教授，模样不似学生，也穿着白色制服，手里捧着一个铁丝篮，篮里装满了有棉花塞的玻璃试管，跟着他的后面的就是那位白衣教授。

点拨

通过将棉花分类别，强调初学细菌学应选择哪种棉花制作棉花塞，侧面反映出制作棉花塞虽是小技，但用途很大。

我也不顾他们了，醉心地玩弄我的黑色古董。那黑色古董，远看有点像高射炮，近看以为是新式西洋镜。上面有一个圆形的抽筒可以升降；中间有一个方形的镜台可以前后摇摆左右转动；下面是一个铁蹄似的座脚，全身上下大大小小共有六七个镜头；看起来比西洋镜有趣多了。忽然从我的左肩背后伸过来一双毛手，两指间夹着一个有棉花塞的试管，盛着半管的黄汗。

"请你抽出一点涂在玻璃片上，放在镜台上看吧。"这是白衣教授的声音，于是我就照着他所指导的法子，一步一步地去做。

"这是像一串一串的黑珠呀。"我用左眼，又用了右眼，一边看一边说。

"我看的这一种像葡萄呀。"一位鹰鼻子美国哥儿的声音。

"我所看的像钓鱼的竹竿。"黑人说。

"这有点像马铃薯呀。"那位金黄头发的小姐说。

"我的上帝呀！这像什么呢？"我隔壁那位戴眼镜的美国哥儿忽然立起来对我说，"密司脱高，请你看看，这一种细菌东歪西斜不是很像中国字吗？"

"这倒像你们西洋人偶尔学写中国字所写的样子哩，我们中国字是方方正正没有那么歪歪斜斜呀。"我看了一看就笑着说。

还有一位美国小姐没有作声，忽然"啪嚓"一声，她的玻璃片碎了。于是白衣教授就走近她的位子郑重地说："我们用显微镜观察细菌的时候，要先将那抽筒转到最下面至与玻璃片将接触为止，然后在看的时候，慢慢地由低升高，切不可由高降低，牢记这一点道理，玻璃片就不至于破碎，镜头也不至于损坏了。"

那位小姐点着头，红着脸，默默地收拾残碎的玻璃片。

看过了细菌，白衣教授又领了我们6人出了实验室，走不到几步便闻见一阵烂肉的臭气，夹着一种厨房的气味，刚推开第十八号的一扇门，那位矮胖子又出现了，正坐在那大大长长粗粗的黑桌子旁边，左手里握着4支玻璃试管，右手的大拇指和食指捏着长圆形的玻璃漏器下面的夹子，一捏一捏的，黄黄的肉汁，就从漏器中泻到那一支一支试管里面。他的动作很快，很纯熟，满桌满架上排着的尽是玻璃管、玻璃瓶、玻璃缸、玻璃碟，或空或满，或污或洁，大大小小，形形色色，更有那一筒一筒的圆铁筒，一篮一篮的铁丝篮，一包一包的棉花，和其他零星的物件，相伴相杂。满房里充满了肉汁和血腥的气味。

"这个大蒸锅里面煮的是牛肉汤，"白衣教授指着另一张桌上一只大铜

点拨

白衣教授的悉心讲解，加深读者对显微镜使用的理解。

锅，锅底下面呼呼地烧着大煤气炉，"牛肉汤加上琼脂❶就变成牛肉膏，再加上糖变成蜜饯牛肉膏，又甜又香又有肉味，此外还预备有牛奶、鸡蛋、牛心、羊脑、马铃薯，等等，这些都是上等补品。我们天天请客，请的是各处来的细菌，细菌吃得又胖又美，就可以供我们玩弄，供我们试验了……"

他没有说完，在他背后那个角落上，我又发现了一个新奇庞大长圆形横卧在铁架上的黄铁筒，仿佛像火车头一般，上面没有那突出的烟筒和汽笛，但有一个气压表、一个寒暑针、一个放气管插在上面，筒口有圆圆的门盖，半开半闭，里面露出一只装满了玻璃试管的铁丝篮。后来他告诉我们这是"热压杀菌器"，用高压力的蒸汽去杀尽细菌。

他推开后面那扇门，让我们一个个踏进去。不得了，这里有动物的臭气腥味冲进鼻子里。一阵猫的尿气，一阵老鼠的屎味，一阵兔毛拌干草的气味，若不是还有一阵臭药水的味，鼻子就要不通气了。这里有更多更大的铁丝篮，整齐地分立两旁，一层一层一格一格地排着，每篮都有号数。篮中的动物看见我们走近，兔子就缩头缩耳地往后退却，猴子就张着眼睛上下眺望，猫儿就伸出爪，小白鼠东窜西窜，还有那些半像猪半像鼠的天竺鼠正吃萝卜不睬我们哩。

"这些动物都是人类的功臣，"那教授又扬起声音说了，"代我们病，代我们死，病菌生活的原理，都是用它们来查的啊。我们天天忙着，不是山羊抽血，就是豚鼠打针；不是老鼠毒杀，就是兔子病死；不是猫儿开刀，就是猴子灌药。手段未免过辣，成效却非常伟大，现代医学的进步不知牺牲了多少这些小畜生啊！……"

他说完了，又引我们看了后面的羊场。一只大母羊、三只小山羊见了我们拔腿就跑。

出来后，我们又参观了冰箱和暖室，他又指示我们每人的仪器柜和衣服柜，我们就把木箱子的古董锁在仪器柜里面，脱了白衣锁在衣服柜里面。此时，开始时的臭味腥气都被新奇的幻想冲散了。

出了立克馆就是爱丽斯街，街上来来往往都是高鼻子的男女学生，唱着歌儿，呼着哈罗，说说笑笑，嘻嘻哈哈的，夹着书本，迈着大步走。我也夹杂在其间，心里在微微地笑，一步一步都欣然自得，像哥伦布发现了新大陆。

点拨

用小动物作为细菌研究的试验品，帮人类解决了很多长期未解决的问题。这些小动物都是人类科学进步的功臣，我们要与动物和谐共处。

---

❶ 琼脂：植物胶的一种，用海产的石花菜类制成，无色、无固定形状的固体，溶于热水。

115

凶手在哪儿

阅读提示

　　毒菌总以无形之手杀人，其杀伤力在战时尤为强大，因此战时普通民众掌握预防病毒常识就显得尤为重要。首先要认识毒菌的七处魔窟，这样才能做到进可攻，退可守。进就要全部围剿，用消毒的手段去消灭它；退就要小心防范，不去沾染它。

强盗在杀人，疾病也在杀人。

强盗的面前是财物，背后站着迫强盗为强盗的恶势力。

疾病的面前是身体虚弱不讲卫生的人，背后站着毒菌。

战争在酝酿着，时疫也在酝酿着。杀人的势力膨胀了。

战争的凶手是帝国主义者的军队，时疫的凶手是毒菌的兵马。

战争造成了毒菌大量杀人的机会。它没有正式利用过毒菌，也许终于不敢利用，而毒菌却早已尽量利用了它。

单举"脑膜炎"为例吧。脑膜炎的凶手，是爱吃人血的一对一对的"双球菌"。经过一次大战，它就盛行一次。在欧战时，英军受害最烈，法军次之，德军几乎幸免，这或许是德国的军事卫生训练特别精到吧。

在战前，脑膜炎每年杀死的英国人不到 200 人。在 1915 年英国加入欧战之后，死于脑膜炎的人数，突然增至 1 521 人。

在中国，脑膜炎素来就不和我们客气，一旦远东战事发生，即使敌人不散放脑膜炎的毒菌来扑灭我们，而因战时所造成的不卫生的环境，

点拨

　　用对比和列数字的方法说明战争中死于"脑膜炎"的人数直线上升，战争是造成毒菌大量杀人的罪魁祸首。

脑膜炎也自然会趁势蔓延起来。那时，我们一般军队和民众，既缺卫生训练，又少预防常识，一个个手忙脚乱，不知如何是好，怎么得了！

脑膜炎如此，还有其他更多更凶的毒菌，都在那里扩张军备，瞧着，闻着，等候着大战的来临，就要一一发作，一一暴动起来，更怎么得了！

战争是时疫的导火线。

所以战争不仅是社会科学的问题，也还是自然科学的问题。

疾病不是私人的痛苦，大家都有份。病会流行，病会传染，传染所及，大众都要遭殃。一人的病一变成大众的疫，全世界都发生恐慌。

战争至大的对象，是要打倒了别人的国家，降服异族。帝国主义者这才扬扬得意了。

时疫至大的对象，是要毁灭全人类，破坏生物界的完整。毒菌这才在那里哧哧而笑了。

所以时疫虽是自然科学的问题，更是社会科学的问题。

帝国主义者这凶手的潜势力，是很深长、很久远的，他是明目张胆地行凶，我们是司空见惯了。

毒菌这凶手的潜势力，也很深长、很久远。可是它在暗中作怪，我们只觉着受它的攻打，见不着它一点踪迹。

有一些毒菌的踪迹虽然被科学家看穿了，我们大众哪里有这眼福。就是偶尔看到显微镜，也是茫然一无所得。

那么，请细菌学者开一张毒菌的清单，好吗？那又都是一批一批生硬的怪名词，看了更糊涂。

既有这些杀人不见血、不留影子的凶手，又有那些土头土脑，危险临头还是那么懒洋洋的，没有团结力，没有自卫力的一般民众，这岂不是都坐着等死吗？

毒菌的真相、阵容，如何侵略我们，我们如何侦察、搜查，如何防御，如何消灭它们的恶势力，这些似乎都是专家的智识。然而大战爆发了，寥寥几位专家是不济事的。卫生局就有成千的医生，可以立时动员给我们打预防针，施救急药，一市数百万的居民，能个个都照顾到吗？

点拨

将毒菌与帝国主义进行对比，说明毒菌对全人类的影响之大。毒菌虽然看不见、摸不着，但它所具备的杀伤力却是难以想象的。

因此，中国的民众在抵抗帝国主义者侵略的时候，对于防御毒菌的常识，是必不可少的。

最先要认识毒菌的巢穴、魔窟。然后进可以攻，退可以守。则处处小心当防，不去沾染它。攻就要全部围剿，用消毒的手段去消灭它。

我曾经是在实验室里掌管过毒菌生死簿的一个人，所以对于它的来历、形状颇为清楚。

统观起来，屈指一算，它的魔窟，可有七处。

第一窟是水窟，叫它作粪窟，更为切实。粪原是毒菌的大本营。一杯明净的水，它的来源若流进了粪，就有不少的毒菌混入，看上去还是明净，然而就是这一杯水把毒菌送到我们的肚肠里去了。这一类毒菌，如伤寒菌，如痢菌，如霍乱菌，都是极凶狠的。当然，不要忘记了苍蝇，也是这一批传染症的帮凶。有时做帮凶的还是人们自己的手指头。

第二窟是人窟，更深切一点叫作喉窟也可以。毒菌就伏在人的咽喉里。带菌的人把它带来带去，四处散布，人众拥挤的地方，更是危险了。欧战时就有不少经验。在营房里，本来人气就多，到晚上又都床靠床地睡。据说床的隔离，要在 3 英尺以外，才没有传染的危险。这一类传染病如结核、白喉、脑膜炎、流行性感冒、肺炎、猩红热等等，传染的法子，大同小异，都是以病人或带菌人为出发点。

第三窟是食窟，这一类的毒菌，如肠热毒，如腊肠毒菌，都不待苍蝇的提携，早伏在肉和菜里面了。中国人吃的肉煮得烂，危险似乎是较少。

第四窟是虫窟，虱子可怕吗？它会传染斑疹伤寒；臭虫、吮血蝇可怕吗？它会传染回归热；跳蚤可怕吗？它会传染鼠疫，不过鼠疫还有老鼠被利用；疟蚊可怕吗？它会传染疟疾，不过疟疾的主因，不是毒菌，而是毒原虫。这些虫儿有些常见有些不常见，一律打倒，免得将来帮凶。

第五窟是兽窟，在这里，人和兽都是被屠杀者。因为人和兽的接近，兽的疫就跑到人身上来了。疯狗咬人，人不但受伤，还会患狂犬病。马夫曾受马鼻疽的传染。牛羊的炭疽病会传给织毛洗革的工人。地中海一带的人吃了羊奶，也会得马耳他热病。牛奶有时也会送结核菌到我们的

点拨

以欧战时床靠床、人挨人的例子，简洁明了地说明了毒菌在人密集的地方非常容易传播。为了预防毒菌，人与人之间要保持一定的距离。

点拨

列举了多种人、兽传染毒菌的例子，提醒人们在与兽接触时，要注意卫生，避免直接接触，时刻做好防护措施。

肚子里去。欧战时，前线的兵士多得急性黄疸病，据说是身上的伤口沾着了老鼠尿。日本也有七日热、鼠咬诸病，都与老鼠有关。的确，老鼠还是鼠疫的第一主人咧。

第六窟是土窟，这里抗敌的战士们要特别注意呀！在战壕里，就伏有不少的毒菌。不是那泥土不干净，就是那马粪太危险，受伤的军士是经不起破伤风毒菌袭击的呀。有时在战地上跳出一种虱子咬你一口，还会生战壕热的病哩。

第七窟是皮窟，是皮肤和皮肤的密切接触而传染。那就是混入人类的性生活里的梅毒菌和淋菌，还有那爬在皮肤上老不肯去的麻风菌。这些顽固的毒菌，在传染病的暴风雨中，居然也占有一角很大的地盘。

也许还有第八窟。这第七窟也并不是天然的分界。不过在这七窟里，我们时时都可以发现毒菌在活动蔓延。

水、人、食、虫、兽、土、皮，这毒菌的七窟，认清吧！

临了，我记起一件事。第八窟是有的，那就在帝国主义者预备施放毒菌战的时期。那么我们要扑灭毒菌，先打倒帝国主义者！

1936 年 3 月 26 日

阅读笔记

阅读思辨

？ 1.毒菌七窟分别指的是什么？

？ 2.请简要叙述"粪窟"的特征？

日积月累

1 强盗在杀人，疾病也在杀人。强盗的面前是财物，背后站着迫强盗为强盗的恶势力。疾病的面前是身体虚弱不讲卫生的人，背后站着毒菌。

2 战争造成了毒菌大量杀人的机会。它没有正式利用过毒菌，也许终于不敢利用，而毒菌却早已尽量利用了它。

读后任务二

理解 能力
识记运用

1. 想一想，答一答。

（1）作者在《人生七期》中提到人生所经历的几个阶段，这七个阶段分别是_____、_____、_____、_____、_____、_____和_____。

（2）想一想，你正在经历哪个时期呢？这个时期有什么特点？

评价 能力
说明方法

2. 阅读选文，回答问题。

雨水应当是很干净的了。然而当雨水下降的时候，空气中的灰尘愈多，所带下来的细菌也愈多。据巴黎蒙苏里气象台的报告，巴黎市中的空气，每1立方米含有6040个细菌，巴黎市中的雨水，每1升含有19000个细菌。在野外空旷之地，每1升的雨水，不过有一二十个细菌。

（1）文段中加点的"应当"可以去掉吗？表达效果有什么不同呢？

（2）文段主要运用了什么说明方法，主要为了说明什么问题呢？

认读 能力
知识考查

3. 根据文章内容，将对应的内容连线。

细菌的形态

状态	名称
菊花状	放线菌
游丝状	球菌
断干折枝状	枝菌
小皮球状	丝菌
小棒子状	弧菌
弯腰曲背状	杆菌

4.阅读选文，回答问题。

　　气味的感觉，也是当局者迷，外来者清。鼻子有时倦了，也只有几分钟的热心。所以古人说："入鲍鱼之肆，久而不闻其臭；入芝兰之室，久而不闻其香。"在生理学上看来，这句老话倒也不错。很多人总不觉得自己屋子里有臭味，一到外头去跑跑，回来就知道了。

　　（1）选文出自_____，此外文中还谈及了_____、_____、_____和_____等内容。

　　（2）画线句说明如果长时间处于一个环境中，即使是难闻的气味也会变得不再刺鼻，而香气也会逐渐减弱。从中你能体悟到学习的什么道理呢？

参考答案

1.（1）胚胎期　胎儿期　婴儿期　幼童期　青年期　中年期　老年期　（2）略。

2.（1）不可以去掉。去掉后语意太绝对了，表述不准确。

　（2）列数字。是为了说明空气中的灰尘愈多，所带下来的细菌也愈多。

3.菊花状——放线菌　游丝状——丝菌　断干折枝状——枝菌
　小皮球状——球菌　小棒子状——杆菌　弯腰曲背状——弧菌

4.（1）《香——谈气味》色　味　声　触

　（2）这句话强调了环境对人的影响及人对外界刺激的适应能力。

科学趣谈：
细胞的不死精神

细胞并不是单独存在于这个世界的，作者在围绕细胞进行讲解的同时，普及了自然科学领域的其他知识，比如纸的发明、光和电的应用、温度计和镜子的制造等，正如细胞的不死精神一样，人类的发明创造也生生不息。随着掌握的科学技术越来越多，人类的前途也越发光明。

细胞的不死精神

阅读提示

> 细胞是生命的基本组成部分，小小细胞通过分裂可以使生物由幼小变为成熟。细胞本有不死的精神和力量，奈何受环境、食物、形骸等限制，生物便有死亡之祸了。但有了人工培养，细胞可以永生。

阅读笔记

嘀嗒嘀嗒……嘀嗒又嘀嗒。

壁上挂钟的声音不停地摇响，在催着我们过年似的。

不会停的啊！若没有环境的阻力，只有地心的吸力，那挂钟的摇摆将永远在摇摆，永远嘀嗒嘀嗒。

苹果落在地上了，江河的潮水一涨一退，天空星球在转动，也都因为着地心的吸力。

这是 18 世纪英国那位大科学家牛顿先生告诉我们的话。

但，我想，环境虽有阻力，钟的摇摆虽渐渐不幸而停止了，还可用我的手，再把发条开一开，再把钟摆摆一摆，又嘀嗒嘀嗒地摇响不停了。

再不然，钟的机器坏了还可以修理的呀。修理不行，还可以拆散改造的呀。

我们这世界断没有不能改良的坏货。不然，收买旧东西的便要饿肚皮。

钟摆到底是钟摆，怕的是被古董家买去收藏起来，不怕环境有多么大的阻力，当有再摇再摆的日子。

地心的吸力，环境的阻力，是抵不住、压不倒人类双手和大脑一齐努力抗战的啊。你看，一架一架、各式各样的飞机，不是都不怕地心的吸力，都能远离地面而高飞吗？

这一来，钟摆仍是可以嘀嗒嘀嗒地不停了。也许因外力的压迫暂时吞声，然而不断地努力、修理、改造，整个嘀嗒嘀嗒的声音，万不至于绝响的啊！

无生命的钟摆经人手的一拨再拨，尚且永远不会停止；有生命的东西为什么就会死亡？究竟有没有永生的可能呢？

死亡与永生这个切身的问题，大家都还没有得到一个正确的解答。

在这年底难关大战临头的当儿，握着实权的老板掌柜们，奄奄没有一些生气，害得我们没头没脑，看见一群强盗来抢，就东逃西躲，没有一个敢出来抵抗，还有人勾结强盗以图分赃哩。真是1935年好容易过去，1936年又不知怎样。不知怎样做人是好，求生不得，求死不能，生死的问题愈加紧迫了。

然而这问题不是悄悄地绝望了。

我们不是坐着等死，科学已指示我们的归路、前途。

我们要在生之中探死，死里求生。

生何以故会生？

生是因为，在天然的适当环境之中，我们有一颗不能不长、不能不分的细胞。

细胞是生命的最小、最简单的代表，是生命的起码货色。不论是穷得如细菌或阿米巴，一条性命，也有一粒寒酸的细胞，或富得像树或人一般，一身也不过多拥几万万细胞罢了。山芋的细胞、红葡萄的细胞，不比老松老柏的细胞小多少。大象、大鲸的细胞，也不比小鼠小蚁的细胞大多少。在这生物的一切不平等声浪中，细胞大小肥瘦的相差，总算差强人意吧。

这细胞，不问它是属于哪一种生物，落到适合于它生活的肉汁、血液，或有机的盐水当中，就像磁石碰见铁粉一般高兴，尽量去吸收那环境的滋养料。

吸收滋养料就是吃东西，是细胞的第一个本能。

吃饱了，会涨大，涨得满满大大的，又嫌自己太笨太重了，于是不

点拨

把山芋、红葡萄的细胞和老松老柏的细胞作比较，把大象、大鲸的细胞和小鼠小蚁的细胞作比较，证明生物无论大小均由细胞构成。

点拨

把细胞遇到食物比作磁石碰见铁粉，生动形象表现出食物对细胞有强大的吸引力，为下文叙述细胞分裂进行铺垫。

124

得不分身，一分而为二。

分身就等于生孩子，是细胞的第二个本能。

分身后，身子轻小了一半，食欲又增进了。于是两个细胞一齐吃，吃了再分，分了又吃。

这一来，细胞是一刻比一刻多了。

生物之所以能生存，生命之所以能延续下去，就靠着这能吃能分的细胞。

然而，若一任细胞不停地分下去，由小孩子变成大人，由小块头变成大块头，再大起来，可不得了，真要变成大人国的巨人，或竟如希腊神话中的擎天大汉，或如佛经中的须弥山王那么大了。

为什么人一过了青春时期，只见他一天老过一天，不见他一天高大过一天呢？

是不是细胞分得疲乏了，不肯再分哪？有没有哪一天哪一个时辰，细胞突然宣告停业倒闭了呀？

细胞的靠得住与靠不住，正如银行商店的靠得住与靠不住，不然，人怎么一饿就瘦，再饿就病，久饿就死呢？不是细胞亏本而招盘❶吗？那么，给它以无穷雄厚的资源，细胞会不会超过死亡的难关，而达于永生之域呢？

这是一个谜。

这个谜，绞尽了几十个科学家的脑汁，费光了好几位生理学者的心血，终于是打破了。

1913 年的一天，在纽约，在那所煤油大王洛氏基金所兴建的研究院里，有一位戴着白金眼镜的生理学者——葛礼博士，手里拿着一把消毒过的解剖刀，将活活的一只童鸡的心取出。他用轻快的手术割下一小块鲜红的心肌肉，投入丰美的滋养汁中，放在一个明净的玻璃杯里面。之后，他立刻下了一道紧急戒严令，长期不许细菌飞进去捣乱，并且从那天起，时时灌入新鲜的滋养汁，不使那块心肌肉的细胞有一刻饿。

自那天起，那小小一块肉胚，每过 24 个钟头，就长大一倍，一直活

点拨

提出一连串的问题，不仅引发读者思考，也为下文内容的展开做铺垫。

点拨

细胞简单而神奇，小小的身体蕴藏着大大的能量，生命力顽强，繁殖能力也很强大。

---

❶ 招盘：工商业主因亏损或其他原因，把企业的货物、器具、房屋、地基等作价，招人承购，继续经营。

到现在。

前几年，我在纽约城参观洛氏研究院，也曾亲见过这活宝贝，那时候已经活了 16 年，仍在继续增长。

本来，在鸡身内的心肉只活到一年，就不再长大了。而且，鸡蛋一成了鸡形，那心肉细胞的分身率，就开始减退了。而今这个养在鸡身以外的心肉细胞，竟然已超过了死亡的境界，而达到永生之域了。至少，在人工培养之中，还没有接到它停止分身的消息啊！

葛礼博士这个惊人的实验证实了细胞的伟大。

细胞真可称为仙胞，它有长生不死的精神与力量，只可惜为那死板板的环境所限制。一颗细胞，分身生殖的能力虽无穷，恨没有一个容纳这无穷之生的躯壳，因而细胞受了委屈，生物都有死亡之祸了。

说到这里，我又记起那寒酸不过，一身只有一粒细胞的细菌。它们那些小伙伴当中，有一位爱吃牛奶的兄弟，叫作"乳酸杆菌"。当它初跳进牛奶瓶里时，很显出一场威风，几乎把牛奶的精华都吃光了。后来，谁知它吃得过火，起了酸素作用，大煞风景了。因为在酸溜溜的奶汁里，它根本就活不成。

这是怪牛奶瓶太小，酸却集中了。假使牛奶瓶无限大，酸也可以散至"乌有之乡"去，那杆菌也可以生存下去了。

这是因为细菌的繁殖也受了环境的限制。

环境限制人身细胞的发展，除了食物和气候，要算是形骸。

形骸是人身的架子，架子既经定造好了，就不能再大，不能再小，因而细胞又受到委屈了。

据说限制人身细胞的发展，还有内分泌咧。

内分泌这稀奇的东西，太多了也坏事，太少了也坏事，我们现在且不必问它。

有人说中国的民族老了，中国民族的内分泌，一半变成汉奸，一半变成不抵抗的弱者，把中国的细胞都搅得粉粉散散了。

中国民族的生存也和细胞一样，受到环境的威胁了。内有汉奸的捣乱、不抵抗弱者的牵制，外有强敌的步步压迫，已到了生死存亡的关头了。

作者借细胞内分泌引出当时中华民族的生存现状，强调民族精神的重要性，借机抒发感慨。

126

然而民族是有不死的精神和反抗的力量的。

中华民族固有的不死精神和潜伏的斗生力量，消沉到哪里去了？还不跳出来！

我们要打破"由命不由人"这个传统的糊涂意识。科学已指示我们，环境的阻力可以一一克服。我们民族的命运，还在我们民众自己手里。全体中华民众团结起来，武装起来，奔腾怒吼起来，任何敌人的飞机、大炮都要退避。

就是敌人已经把我们国家拉上断头台去，我们民众还可一声呐喊，大劫法场啦！

用人手一拨，钟摆可以不停。

用人工培养，细胞可以永生。

集合民众力量，一致抗敌，自力更生，自力斗生，中国不亡！

阅读笔记

阅读思辨

？ 1.细读本文后思考，本文提到的细胞本能有几个？分别是什么？

？ 2.细胞本为仙胞，拥有长生不老的精神和力量，为什么生物还会死亡呢？

日积月累

1 生是因为，在天然的适当环境之中，我们有一颗不能不长、不能不分的细胞。

2 用人手一拨，钟摆可以不停。

用人工培养，细胞可以永生。

集合民众力量，一致抗敌，自力更生，自力斗生，中国不亡！

新陈代谢中
蛋白质的三种使命

> 蛋白质是生命的基本力量，肉类和青菜、草根、树叶里面都含有丰富的蛋白质，但肉蛋白更容易被人体吸收。蛋白质有三种使命：一是补充、复兴旧生命的新机构，二是供给生命的新动力，三是生命的准备库。

"新陈代谢"这个名词，在大众脑子里没有一点印象；即使有，也不十分深刻吧，有好些读者，都还是初次见面。

最熟识而兼最受欢迎的，还是为首的那"新"字，尤其是在这充满了新年气象的当儿。

现在有多少人正忙着过新年。国难是已险恶到这地步，民众仍是不肯随随便便放弃去吃年糕的惯例。得贺年时，还是贺年。虽是旧历废了，改用新历，但，不问新与旧，街坊上年糕店的生意依旧兴旺。

只要年年年糕够吃，人人都吃得起年糕，人人都能装出一副笑眼笑脸去吃年糕，中国是永远不会亡的。

若只有阔人、名人乃至于汉奸等，吃得有香有味，而我们贫民、灾民、难民被迫在走投无路的角落里吃些又咸又苦的自己的眼泪，那中国就没有真亡，我们已受罪受得不能再忍下去了。

就有那些人，成天里不吃别的，只吃些年糕当饭，也于健康有碍。

因为平常的年糕里，大部分都是米粉、糖及脂肪，所含的蛋白质极少极少，而蛋白质却是食物中的中坚分子，不容吃得太少了。

大众说："'蛋白质'又是一个新鲜的名词，有点生硬，咽不下去。"

化学家就解释说："在动植物身上，所寻出的有机氮化物大半都是'蛋白质'。例如，鸡蛋的蛋白，就几乎完全是蛋白质，蛋白质也因此而得名。蛋白质的种类很多，结构很复杂，而它实是一切活细胞里面最重要的成分。地球上所有的生物作用，不能没有它。动物的食料中万万不能缺少它。"

生物身上之有蛋白质，是生命的基本力量，犹国难声中之有救国学生运动，是挽救民族的基本力量啊。

学生是国家的蛋白质。

旧年过去新年来，有钱的人家吃的总是大鸡大肉，没钱的人家吃的总是青菜豆腐，有的穷苦的人家到了过年的时候，也勉强或借或当，凑出一点钱来买些不大新鲜的肉皮肉胚，尝尝肉味。有的更穷苦的，战战栗栗地，拥着破棉袄，沿街讨饭也可以讨得一些肉渣菜底。顶苦的是苦了那些吃草根树叶的灾民，在这冰天雪地的季节，草根也掘不动，树叶也凋零枯黄尽了。吃敌兵的炮弹，只有一刹那间的热血狂流，一死而休。真是，我们这些受冻饿压迫的活罪，不啻于早已宣判了死刑，恨不得都冲到前线去，和陷我们堕入这人间地狱、比猛兽恶菌还凶狠的帝国主义者肉搏。

阅读笔记

肉搏是靠着徒手空拳，靠着肉的抗争力量啊！这也靠着肉里面含有丰富坚实的蛋白质啊！然而经常吃肉的人，虽多是面团团体胖胖，却不一定就精神百倍，气力十足。这是因为他们太舒服了，蛋白质没有完全运用，失去了均衡。

至于青菜豆腐、草根树叶，虽很微贱，贵人们都看不起，却也有十分的力量，也含有不少蛋白质。这些植物的蛋白质，吞到人的肚子里，不大容易消化，没有猪肉鸡肉那样好消化。然而劳苦大众吃了它们，多能尽量地消化运用，丝毫都没有浪费，一滴一粒都变成血汗和种种有力的细胞，只恐不够，哪怕吃太饱了。

蛋白质，不管是动物的或是植物的，吃到了肚子里，经过胃汁的消

129

化，分解成为各种"氨基酸"。"氨基酸"又是一个新异的名词。它是合"阿摩尼亚"的"阿"和"有机酸"的"酸"而成。我们大众只需认它是一种较简单的"有机氮化物"罢了。

这些氨基酸，就是蛋白质的代表，就渐渐地由小肠、大肠的圆壁上，为血液所吸收。所以过了大小肠之后，大多数蛋白质都渐渐地不见了，以致屎里面所含"氮"的总量，总没有吃进去的东西那么多。

胃，就像是蛋白质的学校，我们吃进去的鱼肉鸡鸭、青菜豆腐，都在那里受胃汁的训练与淘汰，被血液吸收之后，便是蛋白质毕了业，被引到社会中服务去了。

进了血液，到了社会以后，是怎样发展，怎样转变呢？那便是我们目前所要追问的问题——新陈代谢。

新陈代谢是"营养"的别名，是食料由胃肠到了血液之后，直至排泄出体外为止，这一大段过程中的种种演变。

新陈代谢因不限于蛋白质，营养的要素还有碳水化合物、脂肪、维生素、水、无机盐等。这些要素，一件也不能缺少，缺少一件就要发生毛病。然而，蛋白质却是它们当中最实在、最中坚的分子。

蛋白质有什么资格、什么力量，配称作食物中的中坚分子呢？

这是因为它在营养中，在新陈代谢中负有三种伟大的使命。

蛋白质化为氨基酸，进了肠的血流，都在肝里面会齐，然后向血液的总流出发，由红血球分送至全身各细胞、各组织、各器官。

在这些细胞、组织、器官里面，那氨基酸经过生理的综合，又变成新蛋白质。人身的细胞、组织、器官时时刻刻都在变化、更换，旧的下野，新的上台，而这些新蛋白质，便是补充、复兴旧生命的新机构。

在被吸进了血流的氨基酸，种种色色，里面的分子很是复杂。有的颇是精明能干，自强不息，立为细胞所起用；有的迟钝笨拙，或过于腐化，为细胞所不愿收。

从这一点看去，据生理学者的实验，植物的蛋白质不如动物的蛋白质之容易为人身细胞所吸收。这理论如果属实，又苦了我们没得肉吃的大众了。

据说，牛肉汁的蛋白质最丰最好，牛奶次之，鱼又次之，蟹肉、豆、

点拨

用打比方的说明方法将胃比作蛋白质的学校，蛋白质经过胃的训练与淘汰，合格的蛋白质可以被血液吸收，服务人体。学生不正是社会的蛋白质吗？

点拨

氨基酸的一生何尝不像人的一生？有的人精明能干、自强不息，对社会做贡献；有的人迟钝笨拙，思想落后，为社会所淘汰。

麦粉、米饭依次递降，一个不如一个了。

那些不为细胞组织等所吸收，没有收入生命的新机构的氨基酸，做什么去了？我们吃多了蛋白质，那过剩的蛋白人才，有什么出路呢？

那它们的大部就都变成生命的活动力，变成和碳水化合物及脂肪一样，也会发热，也会生力。氨基酸又分解了。那"阿"的部分，变成"阿摩尼亚"，又变成"尿素"，顺着尿道出去了。那"有机酸"的部分，受了氧化，以供给生命的新活动力。

这生命的新动力，便是蛋白质的第二种使命。

食物蛋白质的第三种使命，就是储存起来，以备非常时期的急用。从这一点来说，它们是生命的准备库，是生存竞争的后备军。这一定要等到生命的新机构完成，活动力充足以后，才有这一部分多余的分子。

我们平日每顿饭都吃得饱饱的，尤其是常吃滋补品的人，身上自然就留下许多没有事干的、失业的蛋白质。它们都东漂西泊，散在人身的流液或组织里面，没有一点生气。

但一到了危难的时候，一到那人挨饿，挨了好几天的饿，肚子里蛋白质宣告破产，血液没有收入，于是各组织都急忙调动，收容这些储存的蛋白质来补充，于是这些失业的蛋白质，都应召而往，活跃起来了。所以平常吃得好，蛋白质有雄厚的准备，一旦事起，虽绝食几天，也不要紧。

在新陈代谢中，蛋白质是生命的新机构，生命的新动力，生命的准备库，可见……

学生，在民族解放运动声中，也负有这三种重大的使命。

学生是国家的新蛋白质。敬祝学生运动成功！

点拨

食物蛋白质的第三种使命和学生亦有相似之处，学生是国家后备力量，要大力培养学生，增强社会竞争力。

阅读思辨

1.在新陈代谢中，蛋白质的三种使命分别是什么？

2.简要叙述食物蛋白质的第三种使命。

纸的故事

> 纸是人类重要的文明载体，造纸术起源于中国。蔡伦发明的手工造纸，方便了人们用纸来记载文字，后经逐步演变，发展为机器造纸。破布或其他废料，经过科学家的改造，变成了有用的纸张，成为文化阵线上的战士。

一

我们的名字叫作"纤维"，我们生长在植物身上。地球上所有的木材、竹片、棉、麻、稻草、麦秆和芦苇都是我们的家。

我们有很多用处，其中最大的一个用处，就是我们能造纸。

这个秘密，在 1800 多年以前就被中国的古人知道了，这是中国古代的伟大发明之一。

在这以前，人们记载文字，有的是刻在石头上，有的是刻在竹简上，有的是刻在木片上，有的是刻在龟甲和兽骨上，有的是铸造在钟鼎彝[1]器上。这些做法，都是很笨的呀！

到了东汉时代（公元 105 年），就有一位聪明的人，名叫蔡伦，他聚集了那时候劳动人民丰富的经验，发明了造纸的方法。用纸来记载文字就便当多了。

蔡伦用树皮、麻头、破布和渔网做原料，这些原料里面都有我们存

---

[1] 彝（yí）：古代盛酒的器具，也泛指祭器。

在。他把这些原料放在石臼里舂❶烂，再和上水就变成了浆。他又用丝线织成网，用竹竿做成筐，做成造纸的模型。他把浆倒进模型里，不断地摇动，使得那些原料变成了一张席，等水都从网里逃光了，就变成了一张纸，再小心地把它拉下，铺在板上，放在太阳光下晒干，或者把它焙干，就变成了干的纸张。这就是中国手工造纸的老方法。

纸在中国发明以后，又过了1000多年，才由阿拉伯人把它带到欧洲各国去旅行。它到过西西里、西班牙、叙利亚、意大利、德意志和俄罗斯，差不多游遍了全世界。造纸的原料沿路都有改变。

普通造纸的方法，都是用木材或破布等做原料。

在这些原料里面，都少不了我们，我们是造纸的主要分子。拿一根折断的火柴，再从破布里抽出一根纱，放在放大镜下面看一看，你就可以看出火柴和纱都是我们组织成的。纸就是由我们造成的。你只要撕一片纸，在光亮处细看那毛边，就很容易看出我们的形状。

二

我们现在讲一个破布变纸的故事给你们听，好吗？这是我们在破布身上亲身经历的事。

有一天，破布被房东太太抛弃了。不久它就被收买烂东西的人捡走，和别的破布一起送到工厂里去。

在工厂里，他们先拿破布来蒸，杀死我们身上的细菌，去掉我们身上的灰尘。工厂里有一种特别的机器，专用来打灰尘的，一天可以弄干净几千磅的破布。随后他们把这干净的破布放在撕布机里，撕得粉碎。为了要把我们身上一切的杂质去掉，他们就把这些布屑放在一个大锅里，和着化学药品一起煮，于是我们被煮烂了。他们又用特别机器把我们打成浆。他们还有一部大机器，是由许多小机器构成的。纸浆由这一头进去，制成的纸由那一头出来。我们先走进沙箱里，是一个有粗筛底的箱子，哎呀！我们跌了一跤，我们身上的沙，都沉到底下去了。于是我们

---

❶ 舂（chōng）：把东西放在石臼或乳钵里用杵撞击，使去皮壳或捣碎。

点拨

作者将蔡伦手工造纸的方法详细地展现在读者眼前。纸的发明促进了知识的传播，推动了社会的进步。

点拨

用破布变纸的故事引出机器造纸的方法。从手工造纸到机器造纸，是人类文明的进步，也是人类智慧的体现。

流进过滤器——一个有孔的鼓筒，不断地摇动，我们身上的结和团块都留在鼓筒里。于是我们变成了清洁的浆，从孔里漏出来，流到一个网上。最后，我们由网送到布条上，把我们带到一套辊子中间，一些辊子把我们里面的水挤压掉，另一些有热蒸气的辊子，把我们完全烤干。最后我们就变成了一片美丽而大方的纸张。这就是机器造纸的方法。

这样，我们从破布或其他废料出身，经过科学的改造，变成了有用的纸张，变成了文化阵线上的战士。

1951 年 12 月

？请简要阐述蔡伦手工造纸的过程。

阅读笔记

漫谈粗粮和细粮

阅读提示

民以食为天，吃是一门学问。我们不仅要吃饱，更要吃好。关于吃，首先，要分清楚主食和副食的关系，主食可以提供身体所需的热和能，副食可以供给我们身体所需的其他营养成分；其次，要注重粗粮和细粮的膳食均衡，从而使身体有充沛的精力。

在一次营养座谈会上，我们讨论粗粮和细粮的问题，在座的有好多位伙食委员、经济专家、营养专家等。现在我把我们座谈的内容总结如下：

首先，我们谈谈主食和副食的关系。

我们的伙食都是以粮食为主的，所有的粮食，如米饭、馒头、窝头、烙饼等，都是主食。所有的小菜，如青菜、豆腐、鱼、虾、肉、蛋以及水果等，都是副食。

我国广大人民过去由于生活困难，在伙食方面养成了一种习惯，就是只注意主食而不注意副食，只注意吃饭而不注意吃菜，人们把大部分伙食费都花在主食方面。有许多单位和家庭把 80% 的伙食费都花在主食方面，只有很少一部分花在副食方面。

新中国成立后，因为国民经济状况逐步好转，大家都富裕了一些，都想吃得好些，可是很多人就想不到在副食上多花些钱，而光是想把粗粮换成细粮。有好些学校、机关、团体负责伙食的同志们，也犯了这个毛病，他们把大部分伙食费买了白米、白面，结果副食费就很少了，不

点拨

用"80%"这一数字，简单直白地点出，过去生活困难，人们在主食方面花费过多，不注重营养均衡。

136

够补偿白米、白面的缺点，使大家不能得到所需要的营养。这样就使得好些人从前在伙食不好的时候还不常患什么营养缺乏病，这时候吃得"好"了，倒反而患病了。

为了满足我们身体对营养的需要，我们应当多增加些副食。白米、白面的绝大部分，从化学上来说，是碳水化合物（白面中还有一部分蛋白质），它所起的作用主要是供给我们身体的热和能。副食除了有主食的这种作用，还供给我们身体所需要的其他营养成分。

但是为了要普遍满足广大人民对副食的需要，我们还必须促使国民经济进一步发展，这里包括发展工业来推动农业的机械化和大量兴修水利工程以及发展畜牧业和渔业。在目前的经济情况下，要改进广大人民的营养条件，除了适当地增加副食，还必须在主食方面解决一部分问题。这就是：调剂主食，把主食的种类增多，吃细粮，也吃粗粮。

其次，我们谈到粗粮和细粮的区别。

细粮是指白米、白面，粗粮是指一般杂粮，这里面有：小米、高粱米、玉米、杂合面、黑面、荞麦面等。

各种谷类的蛋白质成分各不相同，因此，它们的营养价值也不相同。这是因为，蛋白质是由各种不同的氨基酸组成的，一种谷类的蛋白质可能只含有某几种氨基酸，而缺乏其他几种。我们的身体需要各种不同的氨基酸，假使我们平常只吃一种粮食，就使我们的身体得不到充分的、各种不同的氨基酸。因此，粗粮、细粮掺和着吃，是有好处的。

从维生素方面来讲，粗粮也有它的优点。我们知道，胡萝卜素是甲种维生素的前身，它在动物的体内能转化成甲种维生素，可是它在细粮里面的含量太少了，在小米和玉米里面它的含量就比较多。硫胺素（一号乙种维生素）和核黄素（二号乙种维生素），都存在于谷皮和谷胚里面，因此它们在粗粮里面的含量也比细粮高。至于说到其他维生素如尼克酸（也叫作烟碱酸）和无机盐如钙质和铁质等，一般也是粗粮比细粮含量高。

第三，我们谈到我们身体所需要的营养成分。

我们身体每天所需要的营养成分，就是碳水化合物、脂肪、蛋白质、无机盐和维生素等，因此，我们每天所吃的食物里面也必须含有它们，

点拨

粗粮虽然口感没有细粮好，但二者营养价值各有不同，因此，为了身体健康，我们在平时的生活中要注意均衡饮食。

一种也不能缺少。

碳水化合物的作用主要是供给我们身体的热和能。

脂肪的作用，除了供给热和能，还能保持体温，保护神经系统、肌肉和各种重要器官，使它们不会受到摩擦。

蛋白质是构成我们身体组织的主要材料，它能使我们身体生长新的细胞和修补旧的组织。正在生长中的儿童应该多吃含有蛋白质的食物，使他发育成长。正在恢复期间的病人和产妇，也需要多吃含有蛋白质的食物，来修补被破坏的组织。

无机盐有很多种，它们的作用都不一样：铁是造血的原料，钙是制骨的器材，磷是大脑、神经、奶汁、骨的建筑用品，碘可以预防甲状腺的肿大，其他如钠、钾、镁等也各有各的用处。

维生素也有许多种（已发现的约有 30 来种，其中有些是有机酸，有些是其他有机化合物），它们是生活机能的动力，是日常食物中必不可少的物质。吃了充分的维生素，我们的身体才能达到均衡的发展，它们还能增强我们身体的抵抗力，不仅能帮助白血球和抗体抵抗传染病的侵犯，而且还可以预防各种营养不足的病症。

如果我们的身体缺乏了甲种维生素，就会得夜盲症和干眼症。得夜盲症的人一到了傍晚，眼睛就看不清东西了，严重的甚至会失明。得干眼症的人，最初的病症是眼球发干，眼泪少，后来渐渐发炎，出很多的眼屎，再坏下去就会流血流脓，眼球上起白斑，到后来眼球烂坏，眼睛就失明了。

如果我们的身体缺乏硫胺素，起初是胃口不开，精神不振，情绪不佳，易发脾气，消化不良，晚上睡不着觉，心脏跳动没有规律，思想不集中，后来就得了脚气病，两腿瘫软，不能直立行走，这就是干性脚气病。如果心脏受了障碍，影响了血液循环，就有两腿浮肿的现象，这就是湿性脚气病。

如果我们的身体缺乏了核黄素（二号乙种维生素），就会发生口角炎、唇炎、舌炎，或者有阴囊皮炎、颜面皮肤炎等症状。

如果我们的身体缺乏了尼克酸（也是一种乙种维生素），就会发生神经、皮肤和肠胃系统的各种症状。神经症状严重的人会发呆。皮肤症

点拨

"约有 30 来种" 中的 "约" 表示估计、不确定，体现说明文用词的严谨性。

138

状最常见的就是癞皮病：皮肤发炎、红肿、发黑变硬、起皱纹、有裂缝。肠胃症状主要的是腹泻，拉出的屎像水一样，混杂着未消化的食物，气味难闻得很，有时候可以一天拉30多次。如果治疗不当，也可能引起死亡。

如果我们的身体缺乏了丙种维生素（这种维生素虽然不存在粮食里面，但也是我们不可缺少的一种营养成分；一切新鲜的蔬菜和水果，如辣椒、番茄、橘子、橙子、柚子、柠檬、白菜、萝卜等里面都有它），骨头容易变质，牙齿容易坏，微血管容易破裂出血，结果就会成为坏血病。

丙种维生素在我们身体里面，可以促进抗体的产生，增加人体对于传染病的抵抗力。

此外，还有丁种、戊种和子种等各种维生素，在这里就不一个一个细讲了。

这样说来，我们的食物里面所含有的各种营养成分，对于我们的身体是非常需要的。可是，这些营养成分，在精白细粮里面的含量不足以满足人体的需要，大多数的粗粮里面才有充足的含量。吃细粮，也吃粗粮，我们身体在这方面的需要就能得到完全满足。这样看来，粗粮细粮都吃的人的身体比单吃细粮的人好，难道还不够明显吗？

第四，我们还指出了粗粮的价钱比细粮贱。

有一位经济专家说："白米、白面，不但营养价值不如粗粮，而且价钱反而贵得多。譬如说，一斤小站大米价格是二角一分，一斤白面约合一角九分，而一斤小米只有一角四分，一斤玉米面只要一角二分。这就是说，买一斤小站大米的钱，够买一斤半小米；买一斤白面的钱，也可以买一斤九两多玉米面。那么，我们为什么不掺和着吃些粗粮，省下钱来多买一些副食品吃呢？"

说到这里，有一位患胃病的同志提出了疑问，他说："粗粮怕不会比细粮容易消化吧？"

营养专家说：

"我们必须从影响消化的各种因素来看问题。先要看我们的食物里面所含的粗纤维多不多。任何食物都含有一定分量的粗纤维，粗纤维有刺激肠蠕动的作用。如果食物所含的粗纤维过多，肠蠕动受了过分的刺激，

点拨

几种粮食价格形成鲜明对比，简单直观地说明了吃粗粮比吃细粮划算。

使食物在比较短的时间内就通过消化器官，以致消化液不能有充分的时间发挥分解食物的作用，便会造成消化不良。但是如果粗纤维含量过少了，也会影响肠蠕动不良，容易引起便秘。因此，食物中有适当含量的粗纤维（每天每人 5～10 克），那是必需的。有些粗粮如高粱和小米，粗纤维的含量不比细粮高，其他粗粮的粗纤维的含量，除了大麦、莜麦，也不至于对消化有什么影响。

"容易消化不容易消化还要看怎样煮法。大米煮熟以后是比高粱米和小米煮熟后消化得要快一些，但是如果将大米磨成米粉，再用水来煮，它的消化速度和经过同样处理的高粱粉和小米粉并没有什么区别。

"容易消化不容易消化更要看怎样吃法。有许多人吃东西是采取狼吞虎咽的办法，不经过咀嚼，没有发挥唾液的消化作用就吞下去，这样的吃法，不但粗粮不容易消化，就是吃细粮也一样不会消化完全的。此外，每次吃的分量，也会影响到消化的能力。

"还有，人体消化器官的功能和饮食习惯也有很大的关系。没有习惯吃粗粮的人，吃了粗粮之后先是不容易消化的，等习惯以后，一样可以很好地消化这些粮食。"

最后，有些同志提出粗粮好吃不好吃的问题。

他们说："吃粗粮虽然比吃细粮好，但是粗粮究竟没有细粮好吃呀！"

营养专家说："白米、白面比粗粮容易做得好吃些，但人们觉得白米、白面好吃，有一部分还是由于习惯。这种习惯是可以逐渐改变的，觉得好吃不好吃的标准也是可以逐渐地改变的。况且，粗粮如果能稍稍加以精制和调和，也可以使它更适合人们的口味。在粗粮的制作方面，只要能注意多种多样化，时常改变花样，就可以提高人们对粗粮制品的兴趣。把小米面、玉米面和黄豆面三种混合起来吃，不但营养价值能增高，滋味也是很好的。"

我们在主食中吃粗粮以后，就可以将节省下来的伙食费，买一些蔬菜。每人最好每天吃蔬菜一斤，其中有一半是叶菜，尤其是绿叶菜（绿叶菜含有丰富的胡萝卜素和丙种维生素）。在冬季绿叶菜比较少，可以多吃豆芽和甜薯，这两种食物都含有很丰富的丙种维生素。其他副食品要

点拨

怎么吃，吃多少是有讲究的，暴饮暴食有损于健康。

点拨

曾经大家为吃粗粮和细粮争论不休，现如今随处可见的粗粮馆证明人们已经意识到营养均衡的重要性。

看经济条件而定，如果不能吃到鸡蛋和瘦肉、肝类的话，就多吃些黄豆制品，如豆腐等。

此外，在烹饪操作上也还有几点要注意的地方：

（一）维生素大多数都是有机酸，它们都是怕碱的，所以做饭、做菜都不要加碱，免得维生素受到破坏。

（二）丙种维生素和乙种维生素都是容易溶解在水里的，它们又都怕热，所以不要用热水洗菜，应该先洗后切，切好马上下锅。洗米的时候次数也不要洗得太多，不使这些维生素损失掉。

（三）把米或其他食物放在不透气的蒸锅里蒸，不用火焰直接来煮，是一种很好的烹饪方法，蒸汽的压力不但能使食物熟得快，而且食物的营养成分也能够保存下来。

我们的党和毛主席是关心我们每一个人的健康的。我们的伙食，如果按照上面所讲的原则来改善，我们的健康状况一定可以提高，大家将有更充沛的精神和体力投身到祖国的经济建设事业中去。

1954 年 1 月

阅读笔记

阅读思辨

1.身体每天需要的营养成分有哪些？这些营养成分分别有什么作用？

2.维生素是人体必不可少的物质，补充维生素有什么好处？

炼铁的故事

阅读提示

炼铁就是将矿石、石灰石和焦炭倒进鼓风炉中，而后由鼓风机将燃烧焦炭所需的空气经送风管送进鼓风炉内高度加热，而后再送入炼铁炉，最后炼铁炉内的矿石熔化后形成铁水。铁的利用，给人类的生活带来巨大的便利。

点拨

如果没有铁，人类的物质文明将倒退好多年。铁的存在，使我们的生活更加美好，更加文明。

如果没有铁的话，我们的世界会变成什么样子呢？

一切机器的声音都停止了，我们的物质文明就会倒退很多世纪，重新过贫穷、落后、野蛮的生活。

那时候，从最小的螺丝钉到最大的锅炉都不能制造了。

那时候，不但马路上没有汽车，海洋上没有轮船，天空中没有飞机，也没有高楼大厦、厂房、码头、仓库、铁路和桥梁。

就是手工业工人，也没有斧头、铁锤和锯子；农民也没有锄头和镰刀。一切劳动的工具，都只好用木头、石头和青铜制造了。

铁能使我们生活得更美满更文明，我们离不开它。

我们伟大的祖先，很早就发明了用铁做工具。不过，那时候用土法采矿、炼铁，出产很少，质量也不好。

大约到了 1400 年的时候，才出现了规模较大的鼓风炉。从那时起，炼铁工人把他们不断地在劳动中所积累下来的经验和科学的成果相结合，才创造出现代化大规模的炼铁法。现在世界上已经有了新式鼓风炉，24小时内可以生产好几百吨铁，而且从采矿到炼铁的全过程也都机械化了。

你们如果到矿山上去看，就可以看见采矿工人正在用炸药把红褐色的铁矿石炸得粉碎，白天夜晚都可以听见轰隆隆的响声，像不断地在放炮。

你们又可以看见，在矿山的斜坡上，许多架铲矿石的机器像坦克车一样走动着。它的前面伸出了一只长长的钢臂，钢臂头上挂了个有齿的大铲斗。管理机器的工人扳动把手，操纵着大铲斗，把成堆的矿石轻便地装进一列列车皮里，让火车把矿石运到炼铁厂去。

到炼铁厂去的路上，你们远远地就望见有一排烟囱，像哨兵似的站立着。

你们走进工厂，就看见红褐色的矿石堆满广场。

先走过炼焦炉旁，这是一个庞大的建筑物。你们又会看见焦炭从炉子里排出来，还在燃烧中就被吊车运走。

接着你们就会看到那更有趣的部分了——鼓风炉。

这家伙像一座高塔，约有 10 层楼房那样高，肚子外层包着很厚的钢板，钢板里面砌着很厚的一层耐火砖，在它的身上还绕满了很多细细的管子，不停地流着水。

你们如果早来几个钟头的话，还可以看见小车一辆接着一辆地载着矿石、石灰石和焦炭，由升降机一直送到炉子顶上，把它们统统倒进鼓风炉里去，直到装满为止。

这时候，燃烧焦炭所必需的空气，由鼓风机经过送风管送进热风炉，空气在热风炉里变成温度很高的热空气，再送到炼铁炉里去。

鼓风炉里热得要命，矿石开始熔化，像火山的内部一样，沸腾着火一般的熔岩。

现在时候到了，工人把鼓风炉底上的小门挖开，于是通红的铁水汹涌地奔流出来，火花四面散开。这就是炼好的生铁了。

火红的铁水滚滚地从鼓风炉里流出来，沿着地上的小沟，流到巨大的桶里。桶是那样沉重，都是用车子或者桥式吊车把它运到炼钢炉或铸造厂去的。

炼钢炉和鼓风炉外形虽然不一样，但里面的构造也差不多。在炼钢炉里，可以把铁里的杂质去掉，使它含很少量的碳。生铁的含碳量在 1.7% 以上，假若碳的分量减少到 0.3%～1.6%，就变成了钢。

这样从炼钢炉里炼出来的就是有光亮的、有弹性的钢。钢可以制成刀、锯子、斧头、钢轨、钢梁、车床……

炼铁炼得又好又省又快，机器的声音就会更加热闹起来，我国社会主义工业化也就能早日实现。

1954 年 7 月

点拨

以精确的数据将生铁与钢的含碳量进行对比，让读者更加清晰地了解到生铁如何成钢，文章因此更具说服力。

谈眼镜

阅读提示

眼镜的发展史，漫长而久远，它是由玻璃水晶制造而成的。很久以来，它就为人类的视力服务，解决了困扰人类很久的近视眼与远视眼的难题。近年来，隐形眼镜发展迅猛，深受大家欢迎。眼镜的科学，是真正为人类谋福利的科学。

眼镜是玻璃国的公民。很久以来，它就为人类的视力服务。

一切近视眼和远视眼的人，都离不开它。没有它，他们就要失去工作能力，不能看书和写字了。

在眼镜未发明以前，古代的学者常常因为年老眼花而诉苦。

世界上第一片眼镜——单眼镜，是用绿宝石造成的。公元1世纪时有一位近视眼的罗马皇帝曾用过它，闭上一只眼睛来观看剑客们的决斗。

这位皇帝死后1300年，才有真正的眼镜出现。

这真正的眼镜，是用玻璃水晶造成的。

玻璃水晶和天然水晶一样，是纯洁而透明的物体。

但它比天然水晶容易熔化，也容易接受各种加工：吹制、琢磨和雕刻。

有了眼镜以后，人们还不知道怎样戴它才好，有的人把它缝在帽子上头，有的人把它装在铁圈里面，有的人把它镶在皮带上面。

又过了二三百年的时光，这个问题总算解决了。

这是16世纪的事。

那时候，人们购买眼镜，都到眼镜铺子里去自由选择，并没有经过眼科大夫的检查。

为什么戴眼镜会帮助视力呢？人们还不明白。

首先揭穿这个秘密的人，是德国的天文学家开普勒，他告诉我们，不论是人或是动物，眼睛里面都有一种两面凸起的水晶体。

远视眼的人，这水晶体凸起不够，光线收集不足，因而眼睛看东西都是模糊不清的。所以要给它加上一个两面凸起的玻璃水晶，才能补救这种缺陷。

近视眼的人，恰恰相反，他的水晶体过分凸起，光线过分集中，所以要给它戴上两面凹下去的镜片。

科学的进步，日新月异，眼镜的构造也越来越精巧。

今天已有这样一种眼镜：它没有镜框，也不用架在鼻梁上，实际上它是镶装在眼皮下面、紧贴着眼球的一种镜片。如果你看戴这种眼镜的人，是不会看出来的。

眼镜的科学，是真正为人类谋福利的科学。

在眼镜的大家庭里，还有望远镜、显微镜、照相机、电影机等：有的扩大和增强人类的视力；有的把人物、风景、故事情节都反映出来，给人们看。它们对人类都立过功勋，但它们不在本文范围之内，恕我不多谈了。

1956 年 8 月

点拨

以通俗易懂的语言向读者解释远视眼与近视眼水晶体的区别，增强文章说服力的同时，使读者理解更加深刻。

阅读思辨

? 1.世界上最早的眼镜是由什么制造而成的？

? 2.请分别介绍远视眼与近视眼的水晶体的特征。

日积月累

1 眼镜是玻璃国的公民。很久以来，它就为人类的视力服务。

2 眼镜的科学，是真正为人类谋福利的科学。

天 石

铁的出现，方便了人类的生产、生活。工业上，铁是我们制造生产工具和国防武器的重要原料；生物界，铁是滋养植物与动物的重要成分。没有铁，植物的花会褪色，失去香味，叶子也会枯萎，人和动物也会贫血，可见铁是一种奇妙的"天石"。

阅读笔记

古时候，埃及人把铁叫作"天石"。他们在建造金字塔的时候已经用过铁了。

那时候，铁和金子一样，很不容易找，他们所有的铁，大约有一部分是来自天上掉下来的陨石。

阿拉伯人也有这种传说。他们说："铁是出产在天上的，天把金雨降落在沙漠上，金子变成了银子，银子又变成了黑色的铁。"这是铁的小小故事。

天文学家在观测天体的时候，也告诉我们：一切天体都含有铁。在它们的光谱线上，随时都可以看到铁原子所发出的光。在太阳的表面，也时常看到铁原子在奔流。每年都有不少铁原子向地球上降落，这就是陨石的来源。

但是，长久以来，铁得不到普遍的应用，因为从天上掉下来的陨石毕竟很少。

科学家又告诉我们：地壳的本身，就含有 4.5% 的铁。地壳所含的金属元素中，除了铝，铁要算是最多的了。

人们学会从铁矿石里炼出铁来，是公元前的事。最初，他们用铁制成了犁、锄、铲、斧等工具。这是铁器时代的开始。

又过了好多世纪，直到 19 世纪以后，铁才从小规模的熔铁炉里搬出来，到大规模的高炉里去生产。于是，我们才有现代化的钢铁工业。

从小螺丝钉到大型机器，从刀剑到大炮坦克，都需要铁。铁是我们制造生产工具和国防武器的重要原料。

铁，不但在工业上是这样重要，它和生物界的关系也很密切。

据说，有些铁矿的形成，和微生物有关。当雨水把大量的铁从各种岩石里冲洗到湖沼里的时候，湖沼里有一种叫作铁菌的细菌就活跃起来，它们以铁为滋养。由于铁菌繁殖的结果，铁就变成豌豆般大小，或者更大的块粒，沉积下来，时间久了，就形成了铁矿。

铁和生物的关系，还不止这一点。

如果得不到铁的滋养，全生物界都要发生恐慌：植物的花就要褪色，失去香味；叶子也要枯萎起来；人和动物也要贫血。

有了铁，才有叶绿素，靠着它，植物才能吸收阳光，把二氧化碳和水制成淀粉，放出氧气。

有了铁，动物的生命才有保证。在脊椎动物的血液里，铁是红血球里的血色素的主要成分。在无脊椎动物的组织里，也少不了它。

铁，真是一种奇妙的"天石"。

1956 年 9 月

点拨

作者用简洁的语言介绍了自然界中铁矿的形成，强调铁和微生物的关系十分密切。

阅读思辨

❓请简要叙述自然界中铁矿的形成过程。

灰尘的旅行

灰尘是不知疲倦的旅行者，旷野、高山、沙漠甚至海洋中都有它们的足迹。灰尘在自然界有很大的作用，可以帮助空气中的水凝结成雨和雾，还可以调节气温。但许多种灰尘对人类生活有很大危害，不仅会弄脏人类的生活环境，还是我们健康的威胁者，因此我们要通过科学手段控制灰尘。

灰尘是地球上永不疲倦的旅行者，它们随着空气的动荡而飘流。

我们周围的空气，从室内到室外，从城市到郊野，从平地到高山，从沙漠到海洋，几乎处处都有它们的行踪。真正没有灰尘的空间，只有在实验室里才能制造出来。

在晴朗的天空下，灰尘是看不见的，只有在太阳的光线从百叶窗的隙缝里射进黑暗的房间的时候，才可以清楚地看到无数的灰尘在空中飘舞。大的灰尘肉眼固然也可以看得见，小的灰尘比细菌还小，就是用显微镜也观察不到。

根据科学家测验的结果，在干燥的日子里，城市街道上的空气，每1立方厘米大约有10万粒以上的灰尘；在海洋上空的空气里，每1立方厘米大约有1000多粒灰尘；在旷野和高山的空气里，每1立方厘米只有几十粒灰尘；在住宅区的空气里，灰尘要多得多。

这么多的灰尘在空中游荡着，对于气象的变化发生了不小的影响。原来灰尘还是制造云雾和雨点的小工程师，它们会帮助空气中的水分凝

点拨

分别列举每1立方厘米城市空气、海洋空气、旷野高山空气中灰尘的含量，说明空旷的地方空气更干净，因此，多去户外呼吸新鲜空气不无道理。

结成云雾和雨点。没有它们，就没有白云在天空遨游，也没有大雨和小雨了；没有它们，在夏天，强烈的日光将直接照射在大地上，使气温不能降低。这是灰尘在自然界的功用。

在宁静的空气里，灰尘开始以不同的速度下落，这样过了许多日子，就在屋顶上、门窗上、书架上、桌面上和地板上，铺上了一层灰尘。这些灰尘又会因空气的动荡而上升，风把它们吹送到遥远的地方去。

1883 年，在印度尼西亚的一个岛上，有一座叫作克拉卡托的火山爆发了。在喷发的时候，岛的大部分被炸掉了，最细的火山灰尘上升到 8 万米——比珠穆朗玛峰还高 8 倍的高空，周游了全世界，而且还停留在高空一年多。这是灰尘最高最远的一次旅行了。

如果我们追问一下，灰尘都是从什么地方来的？到底是些什么东西呢？我们可以得到下面一系列的答案：有的是来自山地的岩石的碎屑，有的是来自田野的干燥土末，有的是来自海面的由浪花蒸发后生成的食盐粉末，有的是来自上面所说的火山灰，还有的是来自星际空间的宇宙尘。这些都是天然的灰尘。

还有人工的灰尘，主要是来自烟囱的烟尘，此外还有水泥厂、冶金厂、化学工厂、陶瓷厂、锯木厂、纺织工厂、呢绒工厂、面粉工厂等，这些工厂都是灰尘的制造所。

除了这些无机的灰尘，还有有机的灰尘。有机的灰尘来自生物的家乡。有的来自植物之家，如花粉、棉絮、柳絮、种子、芽孢等，还有各种细菌和病毒。有的来自动物之家，如皮屑、毛发、鸟羽、蝉翼、虫卵、蛹壳等，还有人畜的粪便。

有许多种灰尘对于人类的生活是有危害性的。自从有机物参加到灰尘的队伍以来，这种危害性就更加严重了。

灰尘的旅行，对于人类的生活有什么危害性呢？

它们不但把我们的空气弄脏，还会弄脏我们的房屋、墙壁、家具、衣服以及手上和脸上的皮肤。它们落到车床内部，会使机器的光滑部分磨坏；它们停留在汽缸里面，会使内燃机的活塞发生阻碍；它们还会毁坏我们的工业成品，把它们变成废品。这些还是小事。灰尘里面还夹杂着病菌和病毒，它们是我们健康的最危险的敌人。

灰尘是呼吸道的破坏者，它们会使鼻孔不通、气管发炎、肺部受伤，而引起伤风、流行性感冒、肺炎等传染病。如果在灰尘里边混进了结核菌，那就更危险了。所以必须禁止随地吐痰。此外，金属的灰尘特别是铅，会使人中毒；石灰和水泥的灰尘，会损害我们的肺，又会腐蚀我们的皮肤；花粉的灰尘会使人发生哮喘病。在这些情况下，为了抵抗灰尘的进攻，我们必须戴上面具或口罩。最后，灰尘还会引起爆炸，这是严重的事故，必须加以防止。

因此，灰尘必须受人类的监督，不能让它们乱飞乱窜。

我们要把马路铺上柏油，让喷水汽车喷洒街道，把城市和工业区变成花园，让每一个工厂都有通风设备和吸尘设备，让一切生产过程和工人都受到严格的保护。

近年来，科学家已发明了用高压电流来捕捉灰尘的办法。人类正在努力控制灰尘的旅行，使它们不再成为人类的祸害，而为人类的利益服务。

1956 年 10 月

阅读笔记

 阅读思辨

？灰尘在自然界有什么功用？它们又对人类生活有什么危害呢？

电的眼睛

电视作为电的眼睛，可以直接参与人类的生活，拓展人类的眼界。电视的发展能够给人类带来诸多好处，比如传播知识、获取信息、文化交流、娱乐活动……作者关于电视事业的前瞻到目前都已实现，更实现了重大突破，这些都始于电波的应用。

阅读笔记

光的运动是一种波动，电的运动也是一种波动。

能不能把光波变成电波呢？

俄国物理学家斯托列托夫说：能。他制成了第一个光电管。

在光电管里，进行着光电的变化：光变成了电。

这是自然界里一种奇妙的现象，这是科学上一个伟大的发现。

利用光电变化的原理，科学家发明了电视。于是人们又多了一副眼睛——电的眼睛，这是现代人的千里眼。

最初的电视，是用机械的方法来传送的，这种方法传送出来的画面不大精致。这是 1930 年以前的事。后来，俄国科学家罗秦格发明了电子电视，利用电子流来传送形象。从此，电视事业才得到真正的发展。

电视的发明，使我们坐在家里，只需拨动一下电视机的开关，不但能听到各种演讲者、演奏者和歌唱者的声音，而且也能看见他们的动作。可以这样说，电视把演讲会、话剧、音乐会……搬到我们的家里来了。它丰富了我们的文娱节目，提高了我们的文化生活。

现在让我简单地介绍一下电子电视的原理。

发送电视的主要设备，是一个长颈的玻璃真空管，叫作"摄像管"。这是1931年苏联科学家卡塔耶夫首先发明的。在它的宽广底部，有一块薄云母板叫作"镶嵌板"，上面涂满了细小的银粒，多到几百万颗，每一颗银粒就是一个小光电管。"镶嵌板"的反面是一层薄薄的金属片。

摄像管的外面安装着一个照相机用的镜头，人物风景通过这个镜头，它们的光亮射在镶嵌板上，使银粒起了光电变化，光变成了电（不同的银粒，接收了不同的光亮，放出不同量的电子，同时使它本身带上了不同量的阳电荷）。

在摄像管的颈端，有一具"电子枪"。电子枪是金属丝绕成的，在通电烧热的时候，它会发出电子流，向镶嵌板射去，让它逐一扫过镶嵌板上的银粒。银粒从电子流得了电，它上面的阳电荷立即消失，而镶嵌板后面的金属片上的阴电荷也跟着逐步减少。这样产生的电子流经过电子管放大器，就产生了"电信号"。

人物风景的各部分，所反射出来的光线，明暗不同，银粒上所接收的光亮也深浅各异，因而所产生的电信号也有强有弱。这些电信号叫作形象信号，它们和播音机所发出的声音信号联合在一起，变成了无线电波，由发射机从天线中发射出去。

收听和观看电视节目的人们，通过电视机的天线，从空中收到了这些无线电波。

关于收音部分，我们按下不表，单说形象部分：

接收形象的主要设备，叫作"电视管"，它也是一根长颈真空玻璃管，在它的颈部也有一具电子枪，能发射出电子流，不过，在它那宽广的底部，却是一块玻璃"荧光屏"。当电视管里的电子枪发出电子流的时候，就会把这些强弱的形象信号反映在荧光屏上，这样和原来一样明暗的人物风景，就会出现在观众的眼前了。

电子流的运动非常迅速，每一秒钟可以发送出25幅画面，这样就能保证观众不但能看到人物的形象，而且能看到他们的动作，和在现场观看一样。

发送电视需要建立电视中心。电视中心是发送电视的司令台。苏联1938年就在莫斯科和列宁格勒建立了电视中心。

点拨

电子电视上每一个零件都是不可或缺的，都有它特定的作用，且原理构造相对复杂，严谨科学的用语体现了说明文的语言特点。

点拨

用列数字的说明方法，说明电子流运动迅速，可满足人类观看动态画面的需求。

发送电视需要用超短波（波长 1 ~ 10 米的无线电波），但是超短波不能传送很远，最远不超过几十公里，所以我们得用电缆来传送，同时，在各个城市建立地方的电视中心。现在苏联正计划在更多的城市建立新的电视中心。我国也要在第二个五年计划❶开始的时候，建立电视中心。

电视事业有着远大的前途，它的发展是未可限量的。苏联科学家正在研究五彩电视、立体电视和电视电影。将来还可以采用飞艇或飞机来传送电视，使它传送得更远。

---

❶ 第二个五年计划：1958—1962 年国民经济发展计划，简称"二五"计划。

通过列举电视在各行各业的作用，强调了电视的出现为人类提供了极大的方便，同时反映出电视事业有巨大的发展前途。

在今天，电视已经直接参与了人类的生活，它扩大了人们的眼界。

有了电视，飞行员可以不怕遇到云雾而迷失方向，利用红外线电视，仍能看到地面上的情况，飞机可以安全降落。

有了电视，潜水员们可以坐在船舱里，不必下水就能观察到海底的一切景象。

有了电视，工人们坐在操纵室里就能看到锅炉内部变化的详细经过，就能指挥机器大军前进。

有了电视，实习大夫们可以不用到手术室里去，就能清楚地看到施行手术的全部过程。

电视可以显微。我们可以利用"紫外线摄像管"把微生物活动的现象，传送到小银幕上，使人们能看见普通显微镜所看不见的东西。

电视也可以望远。我们可以把电视摄影机装在火箭上，向月球或火星射出去，人们就可以从小银幕上看到月球或火星上的情景。

总有一天，只要你拨动几下电视机的号码盘，就不但可以和亲友谈话，而且还可以望见他的容貌。

电视的好处，真是说不完。

最近，我国第一电子管厂，在北京正式开始生产了，这为我国电视事业的兴起提供了有利的条件。我们全国人民都将以欢欣鼓舞的心情，来迎接电视事业在中国的诞生，并且要在各方面积极工作，使我国的电视事业在不太长的时间内，迎头赶上国际先进水平。

1956 年 12 月

阅读思辨

❓ 简要叙述电子电视的原理。

镜子的故事

阅读提示

　　谁能想到如今随处可见的玻璃镜子，曾经那么令人痴迷，甚至一度成为威尼斯商人敛财的工具，好在法国人及时止损，掌握了镜子制造的技术，甚至还制造出大玻璃镜子。如今玻璃镜子的制法越来越完善，镜子的用途也越来越广泛，这与科学技术的进步密不可分。

　　报载：1956 年 12 月日本本州中部冈山市的一个古墓里发现 13 面中国古代铜镜，估计有 1 800 多年的历史。这些古镜呈圆形、有花纹，都是用青铜制成的。

　　青铜镜是镜子的祖先，它的发现一向为考古学家所珍视。

　　考古学家在 100 多年以前，就在埃及一座坟墓里找到一个有柄的金属圆盘，已经生锈，当时人们不知道这个圆盘是做什么用的。

　　有的说，这个圆盘是用来代替扇子的；有的说，它是一种装饰品；又有的说，这是一个烤饼的烤盘。

　　后来经过试验证实，这是一面青铜镜。

　　古时候，除了用青铜制造的镜子，还有用银子制造的银镜和用钢制造的钢镜。但是，这些金属镜子一遇到潮湿就会发暗生锈，失去本来面目。为了避免这一点，就不能让它们的表面同空气和水分接触。这就需要用玻璃来制造了。

　　从金属镜到玻璃镜，镜子走了一段有趣的历史。

　　在人们还没有学会做玻璃以前，是不懂得制造玻璃镜子的。

　　威尼斯人是制造玻璃的能手，首先发明制造玻璃镜子的也是他们。他们的制法是把水银和锡的合金跟玻璃粘在一起。他们一直保守着这个秘密。

点拨

　　镜子发展史上的一段趣话，可见古今镜子的变化还是很大的。

于是，欧洲的王公贵族、阔佬名人都到威尼斯去订购镜子。

法国有个王后叫作马利·得·美第栖斯，在她结婚的时候，威尼斯共和国曾献给她一面玻璃镜子作为礼物，这面镜子虽然小得很，据说它的价钱却值 15 万法郎哩。王后很喜爱它。

爱好镜子竟成了一种风气；镜子变成一种显耀的东西。当时的贵族都争先恐后地宁愿什么都不买，却一定要买一面玲珑的镜子。

从此，法国的金钱都流到威尼斯去了。

为了挽回这种利益，法国驻威尼斯大使收到密令，叫他收买两三名做镜子的技师，把他们偷偷地运到法国去。

不久之后，法国诺曼底也建立了一座制造玻璃镜子的工厂。

法国爱买镜子的人更多起来了。有钱的人都想给自己家里弄到一面镜子。人们开始用镜子装饰床铺、餐桌、椅子和橱柜，甚至在礼服上也缝上小镜子片，跳舞的时候，镜子会在灯光照耀之下闪闪烁烁地发光。这真是美丽呀！

镜子的需要一年比一年增加，但是它的质量还很低劣，玻璃表面不平，照出来的嘴脸歪曲不正，而且镜子都很小，不能照全身。

于是人们渴望有大玻璃镜的出现。

制造大玻璃镜之功，是属于法国人的。但是，制造大玻璃镜就需要用大玻璃板，而把玻璃板磨平和磨光是一件十分细致和沉重的工作，这种工作既吃力又费时间，所以大玻璃镜的价钱就非常昂贵了。

幸而在今天，人们已经发明一种用机器磨玻璃的方法，而且还能使这种方法自动化。这样就使镜子的价格大跌，一般平民也都买得起。

玻璃镜子的制法越来越完善，它的用途也越广。

人们已经不再用水银和锡的合金了，而是在玻璃板上涂了一层薄的银，在它的上面又涂上一层漆来保护这层银。这样制成了镜子，照出来的人像非常清楚。

现在人们已经能造出一种新式玻璃，一面看上去是镜子，另一面看去是透明的玻璃。把这种玻璃装在汽车上，就能使你浏览窗外的风光人物，而过路的人却不能望见你，只能看见他自己。

科学技术的进步真令人兴奋。

1957 年 3 月

点拨

法国人连舞会的礼服上都缝制镜子，可见其对镜子的喜爱已经到了痴迷的地步。

摩　擦

阅读提示

　　摩擦是一种自然现象，哪里有运动，哪里就有摩擦。摩擦也是一把双刃剑，可以帮助我们，也可以阻碍我们。在物体的表面涂抹润滑油，可有效降低摩擦带来的负面影响，就好比人体在每一个关节里都会分泌出一种"润滑油"，这种"润滑油"可使身体关节工作更加顺畅，对人体机能有益。

　　摩擦是一种自然现象，哪儿有运动，哪儿就会发生摩擦，这用不着什么大惊小怪的。

　　远古的时候，我们的祖先发明了钻木取火的方法，就是利用摩擦的原理。现在，我们天天都要擦火柴，擦火柴就是一种摩擦的作用呀！

　　在正常的情况下，摩擦现象对于机器的活动是有帮助的。没有它，马达上的皮带就不会转动，车轮就不会向前滚动，一切装在机器上的零件都会松散，各种东西都要滑来滑去站不住脚。这样看来，摩擦是很需要的了。

　　然而，我们的机器往往因为摩擦过多而损坏。在这种情况下，摩擦就变成机器的敌人了。

　　一般来说，物体的表面越粗糙、越不平，它们之间所发生的摩擦越大；反之，物体的表面越光滑、越平坦，它们之间所发生的摩擦越小，这似乎是没有疑问的。

　　但是，在这里不要过分地信赖你的眼睛。你的眼睛看上去是十分光滑的东西，如果把它们放在显微镜下仔细观察，仍然会现出许多皱纹，

点拨

　　通过列举日常生活中的摩擦现象，说明摩擦现象对机器的活动很有帮助，给人类生活带来极大的便利。

157

像山地一样高低不平。当它们碰在一起的时候，摩擦的作用仍然在进行。

也有这样的情形：物体的表面很光滑，摩擦的作用反而厉害。这是因为两个物体之间接触的面很广，距离又极近，物体的分子和分子之间互相吸引，因而产生了阻力，阻碍了物体的运动。

像这样的摩擦，就叫作滑动摩擦。

在滑动摩擦的时候，一开始要费很大的力气才能战胜阻力，后来滑动得越快，就越省力气了。这是因为上面的物体还没有来得及落下去，就被向前推动了。但是，如果物体的重量增加，摩擦的作用也就会增大。所以沉重的东西，容易磨损。

另外有一种摩擦，叫作滚动摩擦，滚动摩擦比滑动摩擦省力。大家知道，滚一根木头比拖一根木头容易，这是因为在滑动的时候，物体表面凸凹不平的部分，嵌得很紧，硬要把它平拖过去，当然要花很大力气；在滚动的时候，物体不停地转动，所以比较省力，也不容易磨损。

为了减少磨损，很久以来，人们就和摩擦进行了斗争。人们剥光大树的皮，削平石头的角尖，使它们容易滑动；后来，又利用滚木来搬运东西，这是人类利用滚动摩擦来代替滑动摩擦的开始；接着，就有车轮的产生，为远距离运输创造了有利的条件，人们越来越懂得滚动摩擦的好处；后来又发明了滚珠轴承❶和滚柱轴承，这样，又大大地减小了摩擦的坏影响。

为了减少磨损，人们又发明了润滑油，润滑油这东西，涂上了机器之后，也可以消除摩擦的坏影响。

但是，直到现在，工程师们所发明的润滑油，都没有人体内部所分泌的"润滑油"那样好。

人体是一架奇妙的机器，他的骨骼的关节表面，都在经常不断地互相摩擦着，为了预防摩擦的有害后果，人体在每一个关节里都会分泌出一种"润滑油"。所以在人的一生中，他的关节不断地工作，不断地摩擦，也不会出毛病。

什么时候我们的机器也能像人体一样完善，可就好了。

1957 年 3 月

---

❶ 轴承：支撑轴的部件，轴可以在轴承上旋转，按摩擦的性质不同可分为滑动轴承、滚动轴承等。

点拨

这段文字充分说明滚动摩擦比滑动摩擦更省力，且滚动摩擦使物体不易磨损。

热的旅行

阅读提示

　　本文从热是什么、热从哪里来、热是怎样旅行的三个方面进行叙述，重点讲解热的三种旅行途径，分别是接触传热、流动传热、辐射传热。掌握三种传热方法，便能在御寒和防热的斗争中，取得最终的胜利。

　　天气一天比一天冷了。天气越冷，人们就越需要热。

　　提起热来，就很容易想起太阳、火炉、烧红的铁块、电开水和热汤，等等。

　　热是什么呢？依照科学的说法，热是一种能，就像光、电、原子能、无线电波、食物和燃料一样，都是能。

　　热是从哪里来的呢？太阳是热的最大源泉，它不断地向宇宙空间放射出它的热。

　　这种热射到地球表面的只占它所发出的总热量的二万万分之一，这一点热量，已经相当于每秒钟烧 60 万吨煤所产生的热。如果全地球的表面都结成 200 米厚的冰层，太阳所射到地面上的热量，也足够把它全部融化。

　　太阳是热的总司令，它指挥着热和寒冷作战。热还有大大小小的指挥官，火就是其中的一种。火是一种燃烧的现象，我们到处都可以见到它：在木炭盆里，在煤火炉里，在煤气炉里，在煤油灯上，在高炉里，在大大小小用火的场合。

点拨

　　通过一系列数字，可以看出太阳是热的最大源泉，它射到地球的热量虽然在它所发出的总热量中占比较小，但是产生的能量巨大。

电也是一名发热的指挥官，电流通过铜线，铜线就会发红、发热，电灯、电炉、电熨斗都很烫。

此外，摩擦、撞击和压缩空气也都会发热；食物经过消化，燃料经过燃烧，以及原子核的破裂，也都是热的来源。

在日常生活中，我们时刻都可以发现，热不停地奔走旅行。从太阳怀里跑到地球身上，这是它的一次长征；从火炉里跑到房间的每一个角落，从开水锅底跑到水面，这是它短距离的赛跑。

热是怎样旅行呢？经过科学家的分析，热的旅行有三种途径，这就是说，有三种方法可以传热。

第一种方法叫作接触传热。

如果你用手来摸烧红的铁板，你就会大声叫"烫"，如果你光着脚在太阳晒热的水泥地上走动，你就会觉得脚底非常热。这些都是接触传热的表现。

如果你拿一瓶热水放在冰块上冰，这一瓶热水很快就变冷了，变成冰水了，这也是接触传热的一个例子——热水接触到冰块而失去它的热。

在接触传热中，热的旅行都是从热的物体身上跑到冷的物体身上去的，直到这两种物体之间的温度相等为止。

不论固体、液体和气体，都能接触传热，而以固体传热显得最为便当。

在固体的行列中，金属的传热最快，是最好的导热体；木头、布、橡皮、纸都不善于传热，都是阻热体，而非导热体。所以炉子和锅的手柄，都是用木头或橡皮做成的。

不流动的空气也不善于传热，因而在建造房屋的时候，为了御寒和防热，常用两层玻璃窗。

第二种传热的方法是流动传热。水的流动和空气的流动都可以传热。

把水放在玻璃器皿里加热烧开，我们就会观察到热水上升，冷水下降。这就是水流动传热的表现。

空气动荡而成风，不论大风或是微风，都是热空气和冷空气对流的结果。这就是空气流动传热的表现。

一般现代化的房屋，都设有上下两个窗口，以流通空气，让热空气从上面的窗口奔出去，让新鲜的冷空气从下面的窗口流进来。

但是，在人口众多的房间里，如电影院和大礼堂，这样的装置还不够用，就必须有通风设备，用电风扇来鼓动空气，使它尽量地流通。

第三种传热的方法，就是辐射传热（这就是说，向周围放射热气）。每一种发热体，都不断地向四面八方放射出它的热。辐射传热，是不依靠实物的，就是在真空中也能进行。太阳的热和光以及其他各种辐射都一直不停地穿过 15 000 万公里的真空区域，才达到地球的表面，费时不过 8 分钟。它除了把热传给地球和它所遇到的别的东西，并不把任何一点热留给真空。

火也是一种发热体，它也是向四面八方放射它的热的。所以在灭火工作中，救火队员不得不戴上面具和披上保护衣，以避免火焰热气的威胁。

这些都是热的旅行的秘密。当人们掌握了这些秘密之后，在御寒和防热的斗争中，就能取得不断的胜利。

1957 年 12 月

阅读笔记

？1.热是什么？从哪里来？

？2.热的旅行有三种途径，分别是什么？

温度和温度计

　　一种东西，无论是固体、液体和气体，一般来说，遇到热就会膨胀，遇到冷就会收缩，这道理是大家都明白的。

　　温度计的制造，就是利用这个道理。

　　温度计又叫寒暑表，它是测量热和冷的武器。

　　温度是什么呢？它不是一种能，而是热和冷的计算；它不是计算一种东西所含的热量，而是计算热和冷的程度。比如，一块砖和半块砖的温度是相等的，而一块砖所含的热量比半块砖所含的热量多出一倍。

　　冰的温度，要算是很低的了，但是它也含有一定的热量，不过它的热量是微不足道的。

　　人们对于热和冷的感觉是相对的，如果你把手泡在热水里，再泡在温水里，你就会感觉到温水是冷的。如果你把手泡在冰水里，再泡在温水里，你就会感觉到温水是热的。手不是温度计，它不能正确地测验水的温度。

　　普通的温度计都是用水银或酒精制造的。制造的方法是拿一根一头吹成小泡泡的玻璃管，把水银或酒精装在这小泡泡里，加热让水银或酒精上升，赶走玻璃管里的空气，封闭管口，等到冷却，水银或酒精就要下降，留下真空。然后再划分度数，温度计就制造成功了。

一般来说，水银是不适合于测验冰点以下的温度的，因为它比较容易凝结，所以要测验冰点以下的温度，用酒精温度计较为合适。

相反，酒精是不适合于测验沸点以上的温度的，因为酒精比较容易煮沸，所以要测验沸点以上的温度，用水银温度计较为合适。

怎样划分度数呢？最常用的划分度数的方法是华氏和摄氏两种。

把温度计的下半截浸在冰水里，让水银下降到不能再下降的地方，画一道线，这就是冰点。这在华氏是零上 32 度，在摄氏是 0 度。再把温度计的下半截浸在沸水里，让水银上升到不能再上升的地方，画一道线，这就是沸点。这在华氏是 212 度，在摄氏是 100 度。在冰点和沸点之间，再划分度数。华氏把这个距离分作 180 度，摄氏把这个距离分作 100 度。

因为玻璃管容易破碎，所以在工业上所用的温度计都用金属来代替玻璃，尤其是在测验高温的时候。

南极探险家所遭遇到的温度，应当是很冷的了，但还有比这更冷的温度。最冷的温度是绝对零度，这在华氏是零下 460 度，在摄氏是零下273 度。但是直到现在，科学家也不能达到绝对零度，只能达到比绝对零度还高一点点。

那么在绝对零度之下，物质是什么样的情况呢？还没有人做过肯定的回答。有的人说，在绝对零度之下，生命是不会存在的，就是最坚固的钢也要变成碎粉，所有的电流都可以在电线上毫无阻碍地通过；也有的人说，在绝对零度之下，任何物质也不存在，只有真正的空间。

绝对零度的研究对于工业的发展是有极大帮助的，它将为未来的科学开辟广阔的道路。

1958 年 1 月

点拨

酒精虽然易煮沸，但可以用来测量零度以下的温度；水银虽易凝结，但可以用来测量零度以上温度。很多事物都有自身特性，只有抓住事物本质并加以利用，才能充分发挥其价值。

阅读思辨

？1.温度计的制作运用了什么原理？

？2.请简述温度计划分度数的过程。

从历史的窗口
看技术革命

阅读提示

从钻木取火到制造石器、铜器、铁器等简单的工具，从借助水力、风力到蒸汽机的发明，从内燃机的使用到电器的运用，乃至原子能的使用和人造地球卫星的成功发射，说明人类的技术革命经历了漫长的历史演变过程。技术的革新不仅提高了人类的物质文明，还丰富了人类的精神文明。

大约在四五十万年以前，我们的祖先北京猿人就开始用火了。不过，他们用的还是野火。

火的发明是人类征服自然的开端。火不但给黑夜带来了光明，给寒冷带来了温暖；人们还利用它来驱赶野兽，把生肉烤成熟肉吃。

这时候，人们还制造了一些粗笨的劳动工具，如石刀、石斧等。

这是石器时代。

这之后，人们学会了钻木取火，又逐渐学会了烧制陶器、冶炼金属。

于是就有了铜器和铁器的出现。

这些石器、铜器和铁器都是极简的劳动工具，人们要靠双手的力量来和自然做斗争，如打猎、打铁、耕田、锄地、搬东西等。

这还谈不上什么技术。

人们不能满足于只靠一双手使用工具和自然斗争。

点拨

简单勾勒人类早期的"技术"演变，用笔极简练，一目了然。

在寻找劳动助手的时候，他们首先利用了畜力。

大约在二千五六百年前，我国历史上所说的春秋时代，就使用马拉车、牛拉铁犁耕田了。

后来又渐渐学会了利用水力和风力。

大约在一千六七百年前，我国历史上所说的东汉末年，就发明了水力机和风力机。

当时东方的古国如埃及等，也有了这些东西。

水力机和风力机都能带动别的工具和机器工作。

这是技术的萌芽时代。

大约1000多年前，水力机和风力机从东方传到了欧洲，大受欧洲人的欢迎。他们逐步加以改良。到了18世纪，英国人和俄国人都能制造相当精巧的水力机，并且用它们来转动工厂里的机器。

后来，工业技术继续发展，机器的花样越来越多，不能光靠水力和风力来发动了。

于是就有人想起了利用蒸汽。

蒸汽的力量非常强大，一锅水沸腾起来，全部变成水蒸气，可以变成1600锅。

假如把一锅水放在一个密封的器具里，让它变成水蒸气，通过导管进入汽缸，就会冲动汽缸里的活塞，使它来回移动，这样就能带动各种机器工作。

这就是蒸汽机。

蒸汽机是在1774年由苏格兰的工人瓦特制造成功的。

在他以前，曾有许多发明家对蒸汽机的构造都有过贡献。

俄国的发明家波尔祖诺夫，就在1765年制成第一架完全可以适用工厂生产的蒸汽机。可是，他的发明没有引起沙皇政府的重视，不幸被埋没了。

蒸汽机的发明，是大生产时代的开始。从此，工厂林立，铁路纵横，世界面貌为之一新。

但是，蒸汽机的锅炉又大又笨重，有些地方用起来很不方便。

于是又有人在想：能不能把燃料直接放在汽缸里燃烧呢？

他们看到炮弹躺在大炮的胸膛里，点燃引线，就会爆炸发射出去，

点拨

准确诠释了蒸汽机的工作原理，生动直观地介绍了蒸汽机的功效，令读者印象深刻。

飞得很远很远。

　　他们就得到了启发。为什么不能把汽缸当作大炮？用活塞代替炮弹。于是就发明了内燃机。

　　内燃机不用笨重的煤炭做燃料，而是用煤气或是汽油和柴油所挥发出来的气体。

　　随着内燃机的发明，汽车、飞机、坦克和拖拉机等也都创造出来了。

　　内燃机对于人类的贡献不算小。从前用旧式犁需要耕一天的地，现在用拖拉机几分钟就耕好了；从前步行需要 10 天左右的路程，现在乘飞机个把钟头就可以飞到了。

点拨

　　犁地时间由一天变成几分钟，行程时间由 10 天缩短到个把钟头，这都离不开科技的进步。

轮船、火车、汽车、坦克、拖拉机、飞机等都得用钢铁来制造，所以人们又把我们现在所处的这个时代叫作钢的时代。

电和火一样，早就引起人们的注意了。直到 16 世纪，人们对于电的现象，才开始有了正确的认识。

1760 年，科学家发明了避雷针之后，人们就积极想办法用人工的方法制造电。

有许多科学家，如意大利的加伐尼和伏打、俄国的彼得罗夫、法国的安培等，他们对电流的研究都有不少的贡献。其中，英国一个铁匠的儿子，叫法拉第，是研究电流最有成绩的一个人，他在 1831 年发明了电动机和发电机。

电动机能转动机器，发电机能发出电流。

于是电报、电话、电灯、电车等都相继发明了。

现在许多地方都有发电站，人们利用火力、水力、风力和其他一切自然力都可以发电。这比内燃机更方便得多了。

19 世纪末，人们又发明了无线电。人们利用无线电波通过空间来传播声音和影像，来远距离控制和操纵机器。

于是无线电报、无线电话、无线电广播、电视和雷达等都陆续出现了。世界科学技术又迈进了一大步。

30 多年前，人类又掌握了一种新的巨大的自然力量——原子能，这是原子核分裂的时候所放出的大量的能。它比火力要强大 100 万~1 000 万倍。1 公斤铀❶块，所放出来的原子能就等于烧掉二三千吨煤。

如果把原子能用到工农业生产和交通运输上，一定会引起技术上更大的革命。这在苏联已经由幻想变成事实了。这样，从石器、铜器、铁器到钢，从手工具、半机械化、机械化到自动化，从火的发明到蒸汽机、内燃机、电动机和原子能的出现，技术的发展走过一段漫长的路程，但是人类终于依靠自己的劳动，逐步提高了物质和文化生活的水平。

最近，人类人造地球卫星发射成功，是人类和自然斗争的又一次空前伟大的胜利。科学技术越来越发达，人类的前途越来越光明。

1958 年 6 月

---

❶ 铀（yóu）：金属元素，银白色，有放射性，主要用于核工业，做核燃料。

点拨

　　拿原子核分裂的能量和火力的能量作比较；拿 1 公斤铀释放的能量和二三千吨煤燃烧释放的能量作比较，准确说明了原子有巨大的威力。

读后任务三

1. 阅读选文，回答问题。

细胞是生命的最小、最简单的代表，是生命的起码货色。不论是穷得如细菌或阿米巴，一条性命，也有一粒寒酸的细胞，或富得像树或人一般，一身也不过多拥几万万细胞罢了。山芋的细胞、红葡萄的细胞，不比老松老柏的细胞小多少。大象、大鲸的细胞，也不比小鼠小蚁的细胞大多少。在这生物的一切不平等声浪中，细胞大小肥瘦的相差，总算差强人意吧。

这细胞，不问它是属于哪一种生物，落到适合于它生活的肉汁、血液，或有机的盐水当中，就像磁石碰见铁粉一般高兴，尽量去吸收那环境的滋养料。

（1）选文的说明对象是_____，说明顺序是_____（时间顺序　空间顺序　逻辑顺序）。

（2）第一自然段主要运用了什么说明方法？有什么作用？

2. 阅读选文，回答问题。

灰尘是地球上永不疲倦的旅行者，它们随着空气的动荡而飘流。

…………

根据科学家测验的结果，在干燥的日子里，城市街道上的空气，每1立方厘米大约有10万粒以上的灰尘；在海洋上空的空气里，每1立方厘米大约有1000多粒灰尘；在旷野和高山的空气里，每1立方厘米只有几十粒灰尘；在住宅区的空气里，灰尘要多得多。

…………

它们不但把我们的空气弄脏，还会弄脏我们的房屋、墙壁、家具、衣服以及手上和脸上的皮肤……

灰尘是呼吸道的破坏者，它们会使鼻孔不通、气管发炎、肺部受伤，而引起伤风、流行性感冒、肺炎等传染病。如果在灰尘里边混进了结核菌，那就更危险了……

（1）选文从_____和_____两方面来介绍灰尘。

（2）第二自然段主要运用_____的说明方法，告诉我们的是（　　）

A. 越是空旷的地方，灰尘含量越少

B. 海洋上空的空气里灰尘含量较少

3. 阅读选文，回答问题。

在这以前，人们记载文字，有的是刻在石头上，有的是刻在竹简上，有的是刻在木片上，有的是刻在龟甲和兽骨上，有的是铸造在钟鼎彝器上。这些做法，都是很笨的呀！

到了东汉时代（公元 105 年），就有一位聪明的人，名叫蔡伦，他聚集了那时候劳动人民丰富的经验，发明了造纸的方法。用纸来记载文字就便当多了。

（1）造纸术是我国古代四大发明之一，除此之外还有_____、_____和_____三个伟大发明。

（2）文中提到记载文字的方式，"有的是刻在龟甲和兽骨上，有的是铸造在钟鼎彝器上"，这两种文字分别叫什么？

4. 动手写一写。

汉字的演变经历了甲骨文、金文、大篆、小篆、隶书、草书、楷书、行书几个阶段。请在父母的帮助下找到"菌"字的小篆字体，试着在纸上写一写，描一描。

1.（1）细胞　逻辑顺序

　　（2）作比较。将各种细胞进行比较，强调"细胞大小肥瘦的相差，总算差强人意吧"这一生物现象，增强说明的效果。

2.（1）空气中灰尘的含量　灰尘的危害　（2）列数字　A

3.（1）指南针　火药　印刷术　（2）甲骨文　金文

4. 略。

土壤世界

阅读提示

> 土壤和阳光、空气、水一样，都是生命的源泉。它是制造绿色植物的工厂，是植物所需水分和养料的供应者。土壤种类繁多，名称不一，性质也不同。决定土壤性质的五种因素分别是母质、气候、地形、生物和土壤年龄，我们要很好地去认识、了解并利用土壤，使它能更好地为农业生产服务。

阅读笔记

土壤——绿色植物的工厂

在一般人的心目中，土壤没有受到应有的重视。有些人认为，土壤就是肮脏的泥土，它是死气沉沉的东西，静伏在我们的脚下不动，并且和一切腐败的物质同流合污。

这种轻视土壤的思想，是和轻视劳动的态度连在一起的。这是对于土壤极大的诬蔑。

在我们劳动人民的眼光里，土壤是庄稼最好的朋友。要使庄稼长得好，多打粮食，就得在土壤身上多下点功夫。

要知道，土壤和阳光、空气、水一样，都是生命的源泉。"万物土中生"，这是我国一句老话。苏联作家伊林，也曾把土壤叫作"奇异的仓库"。

不错，土壤的确是生产的能手，它对于人类生活的贡献非常大。我们的衣、食、住、行和其他生活资料都靠它供应。它给我们生产粮食、棉花、蔬菜、水果、饲料、木材和工业原料。

老实说，没有土壤我们就不能生存。

因此，我们要很好地去认识土壤，了解它，爱护它。

土壤是制造绿色植物的工厂，它对于植物的生活负有大部分的责任，它是植物水分和养料的供应者。

纯粹的泥土，没有水分和养料的泥土，不能叫作土壤。土壤这个概念，是和它的肥力分不开的。

肥力就是生长植物的能力，就是水分和养料。这些水分和养料，被植物的根系吸取，通过叶绿素的光合作用，在阳光照耀之下会同空气中的二氧化碳，变成植物的有机质。

点拨

速写式地介绍了肥力变成植物有机质的过程，一目了然。

能生长植物的泥土，就叫作土壤。这是苏联伟大的土壤学家威廉士给土壤所下的科学定义。他说："当我们谈到土壤时，应该把它理解为地球上陆地的松软表面地层，能够生长植物的表层。"

肥沃性是土壤的特点，它随着环境条件的改变经常不断地发生着变化。

有的土壤肥沃，有的土壤贫瘠。

肥沃的土壤是丰收的保证；贫瘠的土壤给我们带来不幸的歉年。

土壤一旦失去肥力，不能生长植物，就变成毫无价值的泥土而不再是土壤了。

土壤是大实验室、大工厂、大战场。在这儿，经常不断地进行着物理、化学和生物学的变化；在这儿，昼夜不息地进行着破坏和建设两大工程；在这儿，也进行着生和死的搏斗、生物和非生物的大混战，情况非常热烈而紧张。

点拨

作者将土壤比作大实验室、大工厂、大战场，充分说明了土壤随时都处在剧烈的变化之中，这超出了我们的认识，让人惊异。

在参加作战的行列中，有矿物部队，如各种无机盐；有植物部队，如枯草和落叶，以及各种植物的根；有动物部队，如蚂蚁、蚯蚓和各种昆虫以及腐烂的尸体；有微生物部队，如原虫、藻类、真菌、放线菌和鼎鼎大名的细菌等。此外，还有水的部队和空气部队。所以有人说："土壤是死自然和活自然的统一体。"这句话说得真不错。

自从人类进入这个大战场之后，人就变成决定土壤命运的主人。

人类向土壤进行一系列的有计划的战斗，如耕作、灌溉、施肥和合理轮作❶等。于是，土壤开始为农业生产服务，不能不听人的指挥，服从人的意志了。这样，土壤就变成了人类劳动的产物，为人类造福。

土壤是怎样形成的？

大约几万万年以前，当地球还非常年轻的时候，地面上尽是高山和岩石，既没有平地，也没有泥土。大地上是一片寂寞荒凉的景象，毫无生命的气息。

白天，烈日当空，石头被晒得又热又烫；晚上，石头受到寒气的袭击，骤然变冷。夏天和冬天相差得更厉害。几千万年过去了，这一热一冷，一胀一缩，终于使石头产生了裂缝。

有的时候，阴云密布、大雨滂沱，雨水冲进了石头裂缝里面，有一部分石头就被溶解。

到了寒冷的季节，水凝结成冰，冰的体积比水的体积大，更容易把石头胀破。

狂风吹起来了，像疯子一样，吹得飞沙走石，连大石头都摇动了。

还有冰川的作用，也给石头施上很大的压力，使它们破碎。

就这样，风吹、雨打、太阳晒和冰川的作用，几千万年过去了，石头从山上滚落下来，大石块变成小石块，小石块变成石子，石子变成沙子，沙子变成泥土。

这些沙子和泥土，被大水冲刷下来，慢慢地沉积在山谷里，日子久了，山谷就变成平地。从此，漫山遍野都是泥土。这是风化过程。

但是，泥土还不是土壤，泥土只是制作土壤的原料。要泥土变成土壤，还得经过生物界的劳动。

首先，是微生物的劳动。

微生物是第一批土壤的劳动者。在生命开始那一天，它们就参加建设土壤的工作了。微生物是极小极小的生物，它们的代表是原虫、藻类、真菌、放线菌和鼎鼎大名的细菌。

---

❶ 轮作：在一块田地上依次轮换种植几种作物。轮作可以改善土壤肥力，减少病害。也叫倒茬或调茬。

这些微生物繁殖力非常强，只要有一点点水分和养料，就会迅速地繁殖起来。它们对于养料的要求并不高，有的时候有点硫黄或铁粉就可以充饥；有的时候能吸取到空气中的氮也可以养活自己，于是泥土里就有了氮的化合物的成分。同时，泥土也变得疏松了些。这是泥土变成土壤的第一步。

但是，微生物的身子很小，它们的能力究竟有限，不能改变泥土的整个面貌，只能为比它们大一点的生物铺平生活的道路。经过若干年以后，另外一种比较高级的生物——像地衣之类的东西——就在泥土里出现了。它们的生活条件稍微高一点，它们死后，泥土里的有机质和腐殖质❶的成分又多了一些，泥土也变得更肥沃一些。

随着生物的进化，苔藓类和羊齿类的植物相继出现了。

每一次更高一级的生物的出现，都给泥土带来了新的有机质和腐殖质的内容。

这样，慢慢地，一步一步地，泥土就变成了土壤。

如果没有生物界的劳动，泥土变成土壤，是不能想象的。

不过，在不同的地方，不同的泥土、不同的气候、不同的地形和不同的生物，都会影响土壤的性质。

对于植物的生活来说，随着自然的发展，有时候土壤会变得更加肥沃；有时候土壤也会变得贫瘠。

农民带着锄头和犁耙来同土壤打交道，要它们生产什么，就生产什么；要它们生产多少，就生产多少。在人的管理下，土壤不断地向前革命。

在我们社会主义国家里，土壤的情绪是非常饱满而乐观的，它们都以忘我的劳动为农业生产服务。

什么决定土壤的性质？

土壤的种类繁多，名称不一，有什么黑钙土、栗钙土、红壤、黄壤之类奇异的名称。这些不同名称的土壤，各有不同的性质，有的非常肥沃，有的十分贫瘠。

---

❶ 腐殖质：动植物残体在土壤中经微生物分解而形成的有机物质。能改善土壤，增加肥力。

决定土壤性质的有五种因素，这些就是：母质、气候、地形、生物和土壤年龄。

先谈谈母质。

母质又叫作生土，它们是土壤的父母，岩石的儿女。土壤都是由母质变来的，母质又都是从岩石变来的。

地球上岩石的种类也很多：有白色的石英岩；有灰色的石灰岩；有斑斑点点的花岗岩；有一片一片的云母岩，等等。这些不同的岩石，是由不同的矿物组成的。不同的矿物具有不同的性质，有的容易分解和溶解，有的比较难，它们的化学成分也不相同。

母质既然是岩石的儿女，它们的化学成分既受岩石的影响，又转过来影响土壤质量的好坏。例如，母质所含的碳酸盐越多，土壤也就越肥沃；相反，如果碳酸盐缺少，土壤就变得贫瘠。

母质——土壤的父母，它们的密度、多孔性和导热性也影响土壤的性质。如果母质是疏松多孔又容易导热，就能使土壤里有充分的空气和水分，那么土壤的肥沃性就有了保证。

其次谈气候。

不同的地区有不同的气候。风、湿度、蒸发的作用、温度和雨量，都是气候的要素，它们都会影响土壤的性质。其中以温度和雨量的作用更为显著。温度越高，土壤里的物理、化学和生物学的变化就进行得越快；温度越低就进行得越慢。雨量越多，土壤里淋洗的作用就越强，很多无机盐和腐殖质就会被带走；雨量越少，土壤就会变得越干燥，淋洗作用也减弱。

第三谈地形。

地形的不同对于土壤的性质也有很大影响。这是由于气候和地形的关系很密切，往往由于一山之隔，山前山后、山上山下的气候都不相同。一般来说，地势越高，气候越冷；地势越低，气候越热；背阴的地方冷；向阳的地方热。如果是斜坡，土壤容易滑下来，土层就不厚；如果是注地，土粒就很容易聚集起来，土层就堆得厚。地势越高，地下水越深；地势越低，地下水离地面越近。

所以，由于地形的不同，影响了土壤的性质，使有些地方植物生长得很好，有些地方植物生长得不好。

第四谈生物。

生物界对于土壤的影响是很大的，它们的行列中有植物、动物和微生物。

植物是土壤养料的蓄积者，它们的遗体留在土中，可以增加土壤有机质和腐殖质的成分，以供微生物活动的需要。植物的根还会分泌带有酸性的化合物，可以使土壤中难于分解的矿物质得到分解。

由于植物的覆盖可以改变气候，就会使土壤的性质发生变化。例如，森林能缓和风力，积蓄雨水和雪水，润湿空气，减少土壤的蒸发。

动物中如蚯蚓、蚂蚁和各种昆虫的幼虫，也都是土壤的建设者，它们在土壤里窜来窜去，经过它们的活动，土粒会变得松软。

微生物对于土壤的性质影响更大。微生物的代表有原虫、藻类、真菌、放线菌和细菌，它们一面破坏复杂的有机物，一面建设简单的无机盐，促进了土壤的变化，使植物能得到更多的养料。它们之中，以细菌最为活跃，细菌不但是空气中氮素的固定者，它们还经常和豆科植物合作，把更多的氮素固定起来，使土壤肥沃，就是它们死后的残体也变成了植物的养料。

最后谈土壤年龄。

土壤的年龄有大有小。土壤从它的发生到现在，一直都在变化和发展。它由一种土壤变成另一种不同的土壤，因而土壤的年龄和它的性质是有关系的。土壤越老，它的内容越复杂。

以上五种因素，对于土壤的性质都有影响。但是，它们都可以由人类来控制。人类向大自然进军的目的就是要改变土壤的性质，用人的劳动来控制土壤发展的方向，使它能更好地为农业生产服务。

点拨

细菌对土壤的变化影响很大，它可以通过各种形式改变土壤的性质，使植物得到更多的养料。细菌的残体也有作用，可以用一句话概括——"化作春泥更护花"。

阅读思辨

？1.请简要说明土壤是怎样形成的。

？2.决定土壤性质的五种因素分别是什么。

水的改造

阅读提示

　　自然界的水源有很多，其中上游水比下游水干净，井、泉水比江河水干净，雨水比地面水干净。最干净的水是蒸馏水。针对水质的污染程度，人类发明了不同的清理方式，比如：有细小污浊物的水要用凝固和过滤的方法把污浊物沉淀掉；有细菌时要用空气澄清法和氯气消毒法杀菌……

　　水，在它的漫长旅途中，走过曲折蜿蜒的道路，它和外界环境的关系是错综复杂的，因而水里时常含有各种杂质，杂质越多水就越污浊，杂质越少水就越清净。

　　纯洁毫无杂质的水，在自然界中是没有的，只有人工制造的蒸馏水，才是最纯洁的水。蒸馏的方法是：把水煮开，让水蒸气通过冷凝管重新变成水，再收留在无菌的瓶罐中，这样，所有的杂质都清除了。蒸馏水在化学上的用途很广，化学家离不开它；在医院里、在药房里、在大轮船上，它也有广泛的应用。

　　水里面所含的杂质如果混有病菌或病原虫，特别是伤寒、霍乱、痢疾之类的病菌，那就十分危险了。所以没有经过消毒的水，再渴也不要喝。

　　为了保证居民的饮水卫生，水的检查就成为现代公共卫生的一项重要措施。在大城市里，水每天都要受到化学和细菌学的检验，这是非常必要的。在农村里，井水和泉水最好也能每隔几个月检验一次。

　　水经过检查以后，还必须进行一系列的清洁处理。我们的水源有时混进粪污和垃圾，这就是危险的根源。

　　一般来说，上游的水比下游的水干净，井、泉的水比江、河的水干

点拨

　　水是生命之源，但有时其中藏污纳垢，因此，饮水的清洁处理尤为重要。

176

净，雨水又比地面的水干净。

江河的水都是拖泥带沙，十分混浊，所以第一步要先把水引进蓄水池或水库里聚集起来，让它在那儿停留几个星期到几个月之久，使那些泥沙都沉积到水底，水里的细菌就会大大地减少。

但是，总免不了有一些微小的污浊物沉不下去，这就需要用凝固和过滤的方法，把它们清除掉。

凝固的方法：把明矾或氨投在水中，所有不沉的杂质都会凝结成胶状的东西被清除出去。

过滤的方法：强迫污浊的水通过沙滤变成清水。这样做，有90%的细菌都能被拦住。

至于还有一些漏网的细菌，那就必须进一步想办法加以扑灭。

这就是空气澄清法和氯气消毒法。

空气澄清法，就是把水喷到空中，让日光和空气把它澄清。

氯气消毒法，就是用氯气来消毒水。氯气是一种绿黄色的气体，化学家用冷却和压缩的方法把它制成液体。氯气有毒，但是，100万份水里加进四五份液体氯，对于人体和其他动物是无害的，而细菌却被完全消灭了。

氯气在水里有气味，有些人喝不惯这样的水。近来有人提倡用紫外光线来杀菌，这样，水就没有气味了。

有时候，水的气味不好，是水中有某种藻类繁殖的结果。在这种情形下，我们可以在水里稍许加些硫酸铜，就能把藻类杀尽。硫酸铜这种蓝色的药品对于人类也是有毒的，但是在3 000吨水里，只加5公斤硫酸铜，那就没问题。

为了消灭水里的气味，又有人用活性炭，它能把水里的气味全部吸收，而且很容易除掉。

经过清洁处理的水，是怎样输送到各用户手里去的呢？它必须通过大大小小的水管，经过长途的旅行，然后才能到达每一个机关、工厂和住宅，人们把水龙头拧开，水就淙淙地奔流出来了。

由于地心引力的影响，水都是从高处流向低处的，所以蓄水池和水库必须建筑在高地上，如果用井水和泉水做水源，那就必须用抽水机把水抽送到水塔里去，水塔一定要高过附近所有的建筑物，才能保证最高一层楼的人都有水用。

点拨

"只加"一词体现了说明文语言的准确性，"只"是仅仅的意思，在这里表示对硫酸铜用量的严格限定。

衣料会议

阅读提示

　　衣料家族的实力不容小觑：有碳水化合物——棉花、苎麻和亚麻；有蛋白质——羊毛、皮革；还有"纤维皇后"——蚕丝。随着科技发展，很多新型衣料被制造出来，比如来自森林的人造丝、来自石油的人造皮毛和性价比之王无纺布等。

　　衣服是人体的保护者。人类的祖先在穴居野处的时候，就懂得这个意义了。他们把骨头磨成针，拿缝好的兽皮来遮盖身体，这就是衣服的起源。

　　有了衣服，人体就不会受到灰尘、垃圾和细菌的污染而引起传染病；有了衣服，外伤的危害也会减轻。衣服还帮助人体同天气做不屈不挠的斗争：它能调节体温，抵抗严寒和酷暑的进攻。在冰雪的冬天，它能防止体热发散，在炎热的夏天，它又能挡住那吓人的太阳辐射。

　　制造衣服的原料叫作衣料。衣料有各种各样的代表，它们的家庭出身和个人成分都不一样。今天，它们都聚集在一起开会，让我们来认识认识它们吧！

　　棉花、苎麻和亚麻生长在田地里，它们的成分都是碳水化合物。

　　棉花曾被称作"白色的金子"，它是衣料中的积极分子。从古时候起它就勤勤恳恳为人类服务。在人们学会了编织筐子和席子以后，不久也就学会了用棉花来纺纱织布了。

　　从手工业到机械化大生产的时代，棉花的子孙们一直都在繁忙紧张地工作着，从机器到机器，从车间到车间，它们到处飘舞着。当它来

点拨

　　衣服是人生不可离弃之物。这一段如同一个引子，引出下文对衣料的介绍。

到缝纫机之前，还得到印染工厂去游历一番，然后受到广大人民的热烈欢迎。

苎麻和亚麻也是制造衣服的能手，它们曾被称作"夏天的纤维"。它们的纤维非常强韧有力，见水也不容易腐烂，耐摩擦、散热快。它们的用途很广，能织各种高级细布，用作衣料既柔软爽身又经久耐穿。

羊毛和皮革都是以牧场为家，它们的成分都是蛋白质。

羊毛是衣料中又轻又软、经久耐用的保暖家，是制造呢料的能手。它们之所以能保暖，是由于在它的结构中有空隙，可以把空气拘留起来。不流动的空气原是热的不良导体，可以使内热不易发散，外寒不易侵入。

在人们驯服了绵羊以后，就逐渐学会了取毛的技术。

皮革不是衣料中的正式代表，因为它不能通风，又不大能吸收水分，因而不能做普通衣服用。可是在衣服的家属里，有许多成员如皮帽、皮大衣、皮背心、皮鞋等都是用它们来制造的，它们还经营着许多副业如皮带、皮包、皮箱等。皮子要经过浸湿、去毛、鞣制、染色等手续，才能变成真正有用的皮革。

像皮革一样，漆布、油布、橡皮布也不是正式代表，它们都有一些特别用途，那就是制造雨衣、雨帽和雨伞。

蚕丝是衣料中的漂亮人物，也是纤维中的杰出人才，它曾被称作"纤维皇后"。它出身于养蚕之家，它的个人成分也是蛋白质。蚕吃饱了桑叶，发育长大后，就从下唇的小孔里吐出一种黏液，见了空气，黏液便结成美丽的丝。蚕丝在自然界中是最细最长的纤维之一，富有光泽，非常坚韧而又柔软，也能吸收水分。

利用蚕丝，首先应当归功于我们伟大祖先黄帝的元妃——嫘祖。这是4500多年前的事。她教会了妇女们养蚕抽丝的技术，她们就用蚕丝织成绸子。其实，有关嫘祖的故事只是一个美丽的传说。真正发明养蚕织绸的，是我国古代的劳动人民。随着劳动人民在这方面的经验和成就的不断积累提高，蚕丝事业在我国越来越发达起来。公元前数世纪，我国的丝绸就开始出口了，西汉以后成了主要的出口物资之一，给祖国带来了很大的荣誉。

在现代人民的生活里，人们对衣服的要求是多种多样的，而且还要

点拨

作者对蚕丝的溢美之词不胜言表，称蚕丝为"漂亮人物""杰出人才""纤维皇后"，生动形象地说明了蚕丝的卓越。

物美价廉，一般的丝织品和毛织品，还不能达到这样的要求，人们正在为寻找更经济、更美观的新衣料而努力着。

近些年来，在市场上出现了各种品种的人造丝、人造棉、人造皮革和人造羊毛，这些都是衣料会议中的特邀代表。

人造丝来自森林；人造棉来自木材和野生纤维；人造皮革和人造羊毛来自石油城。

衣料会议中有一位最年轻的代表，它的名字叫作无纺布，来自化学工厂。这是世界纺织工业中带有革命性的最新成就。这种布做成衣服能使我们感到更轻便，更舒服，更保暖防热，更丰富多彩，也更经济。

无纺布有人叫作"不织的布"，可以用两种方法来生产：第一种是缝合法，把棉、毛、麻、丝等纺织用的原料梳成纤维网，经过反复折叠变成絮层，然后再缝合成布。第二种是黏合法，把纤维网变成絮层，再用橡胶液喷在絮层上粘压成布。

无纺布是第二次世界大战后的新产品，因为它能利用低级原料，产量高而成本低，还能制造一般纺织工业目前不能制造的品种，所以世界各国都很重视它的发展，它的新品种不断出现。

衣料代表真是济济一堂。

在闭幕那一天，它们通过两项决议。

它们号召：做衣服不要做得太紧，也不要做得太宽。太紧了会压迫身体内部的器官，妨碍肠管的蠕动和血液流通；太宽了妨碍动作而且不能起保暖的作用。

它们呼吁：衣服要勤洗换，要经常拿出来晒晒太阳，以免细菌繁殖；在收藏起来的时候，还得加些樟脑片或卫生球，预防蛀虫侵蚀。保护衣服就是保护自己的身体。

1959 年 5 月

点拨 📖

此处运用拟人手法，赋予衣服人性化特征，用"济济一堂"来说明制衣材料种类繁多。

1. 可以做衣服的材料有哪些？试举例说明。

2. 衣服做得太宽和太紧都不好，为什么？

光和色的表演

阅读提示

光来自发光体，太阳是光最主要的发光体，它在行进中会有三种不同的遭遇，分别是被折射、被反射、被吸收。色是光的女儿，按人对色的知觉，可分为有色派与无色派，有色派又分为正色和杂色。正是五彩斑斓的颜色构成这形形色色的世界，因此人类对色有很大的好感。

节日的首都，艳装盛服，打扮得格外漂亮。到了晚上，各种灯光交相辉映，天安门前焰火大放，更显得光辉灿烂，美丽夺目。这正是光和色大表演的时候。

光来自发光体，这些发光体，有的是天然的，有的是人工的。对于居住在地球上的人来说，最主要的发光体就是太阳。天空里还有无数的恒星，有的比太阳还要庞大而光亮，但是它们离我们地球都太远了。自然界里虽然还有许多微小的发光体如萤火虫、海底发光的鱼类、发光的细菌以及几种放射性元素，但是它们必须在黑暗中才能显现出来。

在晚上，我们就需要依靠人工发光体——灯火之光——来照明了。暴风雨中的闪电，虽然也是一种发光，但它不能持久。月亮就不是发光体，它的光是太阳所反射出来的。

光从发光体出发，在旅途中受到各种物质的欢迎。有些物质是透明体，如空气、玻璃和胶片，光射到它们的身上，照例是通行无阻的。有

点拨

作者用通俗易懂的语言，将光在行进中的三种遭遇向读者一一介绍，便于读者理解，增强了文章的说服力。

些物质是半透明体，如雾、磨光玻璃和玻璃砖，光到了那里，一部分被反射，一部分被吸收，还有一部分是溜过去了。有些物质是不透明体，如木头、厚布、石板和金属，在这里，光的进军就受到完全的阻挠，不是被反射，就是被吸收。这是光在行进中的三种遭遇。

光遇到平滑的镜子，它的脚步是非常整齐的，因而镜中能留下物影，这是它最惊人的表现；光遇到粗糙的表面，就不是这样。

镜是光的助手，在凹面镜的大力支持下，光的强度是加大了，从小小的手电筒到大大的探照灯，都是利用了这个原理，光变得威风凛凛了。

色是光的女儿，如果让太阳的光线穿过三棱镜，光受到了曲折，就会呈现出一条美丽的色系，由大红而金黄，而黄，而绿，而靛青，而蓝，而紫，这是色的七个姊妹。红以下，紫以外，因为光波太长或太短的缘故，就不得而见了。如果我们仔细观察一下，还有许多中间色，这些都是色的儿女，这些色混合在一起，会化作一道白光。

大雨过后，这七个姊妹常常在天空出现，十分美丽，这时候人们把它们叫作"虹"。

人们对于色的知觉，可以分作两派，一派是无色，一派是有色。

无色派就是黑与白及中间的灰色。

有色派就是太阳光色系中的各色，再加上各种混合色，如橄榄色和褐色之类。

有色派又分作两小派，一小派是正色，一小派是杂色。

火焰和血的狂流，都是热烈的殷红；晴朗的天空、海洋的水，都是伟大的蓝；大地上不是一片青青的草、绿绿的叶，就是一片黄黄的沙、紫紫的石，这些都是正色。

傍晚和黎明的霓霞、花儿的瓣、鸟儿的羽、蝴蝶的翅、金鱼的鳞，乃至于化学药品展览室里一瓶一瓶新发明的奇怪染料，这些都是杂色。

人们对于色都有好感。彩色的图画、彩色的电影和彩色的电视，都赢得了观众不少的好评。国庆节的礼花，这是铅、镁、钠、锶、钡、铜等各种金属燃烧后所放出的光和色的联合大表演，更是美丽动人，能使人欢欣鼓舞、精神振奋，进入诗的境界。

1959 年 9 月

点拨

用分类别的说明方法将色分为无色派和有色派，将有色派分为正色和杂色，条理清晰地说明了色的种类，文章结构严谨，逻辑分明。

血的冷暖

阅读提示

　　区分冷血动物和暖血动物的标准是它们的体温是否受环境的影响而变化。暖血动物具备管束体温的机能，体温不受环境的影响，是恒定的，冷血动物则相反。总的来说，动物之所以有暖血和冷血之分，是由于它们对于环境气候的反应存在着生理上的分歧。

　　在动物世界里，有冷血和暖血动物之分，这种区别究竟在哪里呢？

　　为了回答这个问题，得先追查一下，动物身上的热气是从什么地方发出来的。

　　有些人认为，热大半都是由摩擦而发生，因此动物身上的热气，也是血液和血管之间的摩擦而产生的。

　　这种说法，一直到18世纪末叶，还盘踞在人们的脑子里。

　　直到氧发现后不久，法国化学家拉瓦锡才指出：动物的热气，也是一种燃烧或氧化作用。他认为，生理上氧化作用的地点是在肺部，血液一到了肺部，它所含有的碳水化合物就和吸进去的氧化合，产生了水和二氧化碳，同时放出了大量的热。

　　后来，根据生理学者的实验又证明了：体热的发生，应当归功于全身血液，不仅限于肺。

　　又经过多年的争论，科学界才一致公认：体热也不是单单从血液里产生，而是由全体细胞负责。氧运到了各细胞里，才开始氧化而产生热。血液所担任的只是运输和分配的工作，由于它的循环流动，就能把过剩的热送到过冷的部位去，互相调整。

点拨

　　经过多年的争论与研究，科学界对体热的原因有了一致的结论，为研究暖血动物和冷血动物提供了方向。

除了生病发烧，动物的身体都能经常保持一定的温度。这是由于它们的体内有一种管束体温的机能。

以上的结论，是由观察暖血动物而得来的。至于冷血动物呢？它为什么有这样的称呼呢？是不是因为它的身体都是冷冰冰的，就没有一丝热气呢？

一般来说，动物的血液之所以有冷暖之分，是根据它们的体温和外界空气的比较而定。那么，人和鸟兽之类的动物，号称暖血，是不是它们的血液比空气热呢？爬虫、青蛙和鱼之类的动物，号称冷血，是不是它们的血液比空气冷呢？

事情不是这样简单。

暖血动物的体温，不受环境的影响，不论是在夏天还是在冬天，不论四周空气是比身体热还是冷，它们的体温都不会发生什么变化。所以暖血动物不如叫作"有恒体温的动物"。

冷血动物的体温就有伸缩性了。在冬天，它们的体温常常是低的，低到和四周的空气或水相近；在夏天，环境的温度升高，它们的体温也随着上升。它们在冷的环境中，才变成冷血，所以还不如叫作"无恒体温的动物"。

暖血动物能维持一定的体温，是由于它们氧化的力量很强盛，而且具有管束体温的机能。

冷血动物的氧化力量薄弱，又没有管束体温的机能，即使有，也不十分发达。

还有冬眠动物，它们的体温介于暖血和冷血之间，也具有管束体温的机能，在平常的日子里，都能维持一定的体温，但遇到极冷的时候，它们就不能支持了。所以在冬眠期间，它们的体温几乎和周围的空气一样。

勤劳的蜜蜂过着集体生活，它们的蜂群有时候被称作"昆虫中的暖血者"，这是由于它们的辛勤劳动产生了热气，能调节和维持蜂巢内的温度。

恶毒的蛇是爬虫类的后代，它们的体温有时比环境只高出 2℃～8℃。有的爬虫也略具有管束体温的机能，可以防止体温升得太高。例如，它们一到了太热的时候，就不得不喘气，喘气就是把肺里的水分蒸发了，于是热就消失不少。

总的来说，动物之所以有暖血和冷血之分，是由于它们对于环境气候的反应存在着生理上的分歧。

1959 年 12 月

点拨

蜂群被视为"昆虫中的暖血者"和它们的勤劳有着密不可分的关系。因为蜜蜂可以把动能转化为热能。

星际航行家
离开地球以前

阅读提示

> 星际航行家们离开地面之前会面临很多挑战：需要克服火箭上升过程中的失重、超重现象；需要研制特定防护设备，保持船舱气压稳定；需要避开辐射，以免对人体细胞造成不可恢复的破坏……

两年多以来，人类成功发射了 3 颗人造地球卫星和 3 个宇宙火箭，这些都是星际旅行的开路先锋，它们都带有各种科学测量仪器，通过无线电把宇宙空间的科学情报传送给地面的接收站。

相信不久之后，人类将要发射带人的火箭，人飞往月球和其他星球去的愿望，就要从幻想变成现实了。

发射一个带有科学仪器的火箭，已经不是一件简单的事；发射一个带人的火箭，就更加不容易了。

小朋友们都想知道，这带人的火箭船，在起飞以前，还存在着哪些重要问题需要解决呢？

从生理学的眼光看，星际旅行家首先要遇到的困难就是超重的问题。

一个人从初生到老年，他的体重随时都在变化，不过，这些变化是极其缓慢的，不容易觉察。但如果你坐着火箭船上升的时候，情形就不同了，在开头的十几分钟之内，你就会马上觉得自己的手和脚都变得非常沉重，你的体重突然增加了十几倍，这就是超重的现象。这是因为，

点拨

用举例子的方法详细介绍载人火箭飞行过程中会遇到的问题；用列数字的方法直观地解释了超重现象。

火箭船起飞的速度非常猛烈，地心的引力突然增加了十几倍，如果你原来只有 50 公斤重，现在你就要变成 700 多公斤重的大胖子了。

这样一来，你的大脑皮层的正常活动，就要受到破坏，陷入昏迷状态；你就会失去知觉，呼吸短促，最后心脏也停止了跳动。

所以星际旅行家们，必须受过严格的有计划的飞行训练，以提高他们对于超重的适应能力。火箭船上也必须安装专门防护设备，来抵消地心引力的影响。

火箭船继续上升，地心的引力逐渐缩小，人就觉得体重越来越轻，轻到只剩下几公斤了，如果船舱内没有特别的装置，你的身体只要摇动一下，就会像羽毛球一样蹦跳起来，飘来飘去，这就是失重的现象。这种现象对于人体来说，虽然不产生什么有害的影响，人的动作并不因此而失调，但也给乘客们带来很大的不便，所以在火箭船上要有防御失重的设备。

点拨

把人体比作羽毛球，生动地说明在失重状态下，人体会变轻的奇特现象。

人生活在地球的表面，这就是大气的底层，周围都充满着空气。由于地心引力的影响，空气是具有重量和压力的。在一般的情况下，气压的变化不大，大约是 720～770 毫米汞柱，因此人也就能够经受得起。

随着火箭船的上升，气压变得越来越低，低到只有 240 毫米汞柱以下的时候，人就受不了啦；低到零度的时候，全身的水分都要蒸发。如果没有防护的设备，生命就难保了。

科学家已经发明利用特种金属材料做成的高度密闭化的船舱，这样就可以保持正常的气压。

宇宙的空间是各种辐射线的战场。火箭船越升越高，这些辐射线的作用就越来越强大，它们的穿透力都很厉害，对于人体细胞发生破坏的作用，如果不设法避免，生命就危险了。

除了这些外来的因素对于人体发生直接的影响，人坐着火箭船上升的时候，还必须解决呼吸和饮食两个问题。

人一刻也不能离开呼吸而生存，所以在火箭船的密闭船舱里，就必须备有供给氧气的装置，利用压缩氧就能保证人体源源不断地得到氧的供应。

人体还不断地排出二氧化碳和水蒸气，如果它们没有适当的出路，就会在密闭的船舱内越聚越多，万一二氧化碳在空气里的含量超过 20%，人就会因窒息而死。该怎么办呢？为了防止这个事故，化学家发明了一种石棉的化合物，能够吸收大量的二氧化碳和水蒸气；生物学家正在研究一种更好的办法，这就是利用植物的光合作用，既能吸收二氧化碳又能放出氧气，这种植物就是单细胞藻类。

这种藻类有很高的营养价值，蛋白质和维生素都非常丰富，还可以制成粉末，充当星际旅行家的食粮。真是一举数得。

有了科学家们的不断努力，星际旅行家所遇到的种种困难都能一一克服，人类飞出地球去的日子不必等待太久了。

1960 年 1 月

❓ 1.请举例说明失重和和超重现象。

❓ 2.星际航行家们在飞入太空之前需要克服哪些问题呢？

谈寿命

阅读提示

地球上的生命最初是以蛋白质分子的形式出现的，后来单细胞生物一批又一批地登上历史舞台，再后来多细胞生物出现了，且寿命也变长了。在欧洲中世纪时代，人类的平均寿命只有20~30岁。文艺复兴以后，有些国家的人均寿命已经能达到70岁的标准。相信随着科学的发展，这个标准还会进一步提升。

地球上的生命活动，远在5亿年以前就开始了。最初的生命，是以蛋白质分子的身份出现在原始海洋里的。

后来，越来越多的原始生物，包括细菌、藻类和以变形虫为首的单细胞动物集团，一批又一批地登上生命的舞台。

这些原始生物，都是用分裂的方法来繁殖自己的后代的。一个母细胞变成两个子细胞之后，母体的生命就结束了。所以它们的寿命都极短暂，只能以天或小时来计算，最短的只有15分钟。

当单细胞动物进化到多细胞动物，寿命也就延长了。

例如，大家所熟悉的蚯蚓，就能活到10年之久。印度洋中有一种大贝壳，重300公斤，被称作"软体动物之王"，在无脊椎动物世界里，创造了最高的寿命纪录，能活到100岁。

一般来说，昆虫的寿命都很短促。成群结队飞游在河面湖面的蜉蝣❶，

点拨

昆虫寿命往往很短暂，但他们幼虫的生命却相对较长，这何尝不是一种蛰伏？蝉在地下蛰伏十几年，只为生命最后的绽放。

---

❶ 蜉蝣（fú yóu）：昆虫，若虫（未完全变态的昆虫）生活在水中1~6年；成虫有翅两对，常在水面飞行，寿命很短，只有几小时至一星期左右。

就是以短命而著名的，它们的成虫只活几小时，可是它们的幼虫却能在水中活上几年。

蜻蜓的寿命只有一两个月，它们的幼虫能活上 1 年左右；蝉的寿命只有几个星期，而它们的幼虫竟能在土里度过 17 年的光阴。

鱼类的寿命就长得多了。在福州鼓山涌泉寺放生池里所见到的大鲤鱼，据说都是 100 年以上的动物；杭州西湖玉泉培养的金鱼，也都是 30 岁以上的年纪了。

在长寿动物的行列中，乌龟的寿命要算最长的了。英国伦敦动物园里保存着一只巨大的乌龟，也许现在还活着，它的年纪已经超过 300 岁了。听说非洲的鳄鱼，也能达到这样的高龄。

达到 100 岁以上的动物，还有苍鹰、天鹅、象以及其他少数罕见的动物；一般猛禽野兽和家禽家畜之类，它们的寿命都在 10 岁到五六十岁之间。

在一般的情况下，它们都不能尽其天年，或者为了人类营养的需要而被宰吃，或者因为年老力衰得不到食物而饿死，也有的因气候突变或传染病而致死。

至于人类的平均寿命，在黑暗的欧洲中世纪，只有 20～30 岁，这连许多高等动物还不如。

点拨

人类寿命如此短暂和当时的医疗条件差有着密不可分的关系。当时黑死病是人类最恐怖的杀手。

文艺复兴以后，这个统计数字不断地增长着。现在有一些国家，人的平均寿命已经达到 70 多岁的标准，这个标准比一般动物的寿命都要高。现在百岁以上的健康老人也常有所闻。

在我们现代社会，对于人的关怀，是从他的诞生前就开始的，因而婴儿的死亡率大大下降，各种保健制度都已建立起来。政府又大力提倡体育运动，以增强人民的体质。这一切，对于延长人民的平均寿命，都具有深远的影响。

随着医学的进步，爱国卫生运动的发展，危害人类的传染病逐渐消灭，就是那可怕的癌症的防治工作也有了不少进展。

近年来，科学家对于征服衰老的斗争，起了令人鼓舞的作用。许多新方法给我们带来了新的希望。人能活到 150 岁，还不是人类寿命的极限。这句话，不能说是过分乐观的估计吧！

1960 年 7 月

未来的旅行

阅读提示

　　旅行是很多人都向往的事情。人类想要旅行就需要借助一定的交通工具，我们现在乘坐的火车、轮船、汽车、飞机等在未来可能会被送进博物馆展览，取而代之的是原子飞船。

阅读笔记

　　我很荣幸地收到《环球旅行》杂志总编辑的来信，为了庆祝这个刊物诞生 100 周年，要我写一篇文章来纪念它。

　　旅行对于每一个人来说，都是一件愉快而有意义的事情。你到的地方越多，见闻越广，知识增加得越快，对世界的认识也更全面。

　　国际间的旅行访问，有助于促进经济和文化的交流，并且在旅行者的心里产生一种国际友谊感，这种感情显然是国际友好合作的基础。

　　这些都是旅行的好处。

　　但是，你的旅行计划不能单靠徒步来完成，必须掌握住一定的交通工具。

　　要想到远方去旅行，只有依靠现代化的交通工具，从火车、轮船到汽车、飞机才办得到。

　　社会的发展使越来越多的人能享受旅行的权利。

　　随着时代的进步，人民的生活水平不断提高，工作时间缩短，每年又有一定的假期，人人都想去旅行，旅行就不是几个人、几十人、几百人的事情，而是几亿人的事，几亿人都想行动起来，这就不简单。

　　首先，必须简化旅行的手续，让几亿人都预先来登记，说出自己的旅行目的和愿望。

其次，要组织起来，有计划地集体去旅行。

再过一百年后，也许现在的火车、轮船、汽车和飞机，都要退出历史舞台，被送进古物陈列馆了。

那时候，地球上将出现各种类型的新的交通工具，其中最引人注目的就是水、陆、空和海底四用的原子飞船。

这是一种大型的交通工具，可以容纳得下几百人到几千人的乘客。

它能以每小时几千公里的速度在二三十公里以外的高空飞行。

它能在陆地上沿着公路前进。

它能在海洋上乘风破浪。

它又能变成潜艇在海底活动。

这种新型的交通工具，是由原子发动机来开动的。

原子发动机，不用汽油和别的燃料，而只用几公斤的铀就可以了，同时对于放射性的危害性防护得非常周密。

这种原子飞船有精密的无线电装置，可以用无线电来导航，它的一切机器都由电子计算机来管理。

全部机器的零件都是用特种塑料制成的，既轻便又坚固耐用。

这种飞船都装有感光的仪器，遇到面前有障碍物的时候，都会自动地更换方向或自动刹车。

它又有调节空气的自动设备，在任何恶劣的环境里，使温度、湿度、气压和氧气的供应都适合人体的需要。你坐在里面，夏天觉得非常凉爽，冬天觉得非常温暖。

在每一个座位上，你又发现有一架电视电话机，你可以同你远方的亲友面对面地谈话。

它又有一种陀螺仪器控制的装置，能自动消灭摇晃，使旅客免除晕船的痛苦。这样，就能使旅客们产生一种安全感。

为了旅客的便利，全世界各大城市都建立了万人大旅馆和万人大食堂，它们的设备都是自动化的。在各古迹名胜、游览胜地，也都设有"旅行者之家"，接待旅客的工作都做得非常周到。

虽然有了这些良好的工具和设备，但它们还不能满足旅行者的要求。

点拨

原子飞船容量大，速度快，可以满足不同条件航行需要，可见这种设想中的新型交通工具功能的齐全和超前。

21 世纪 60 年代的人们对于旅行的兴趣，已经越出了地球范围以外。那时候，宇宙航行事业进行得非常紧张热烈，全世界各地都有星际旅行服务站。地球和月球，地球和金星，地球和火星之间，已经开始定期通航；还有不少光子火箭，已经发射出太阳系以外，到更遥远的星星世界探险。月球、金星和火星上正在大搞基本建设，准备迎接一批又一批新来的客人。

到了 30 世纪以后，人类的交通网将遍布宇宙空间，那时候，我想《环球旅行》杂志也要改名为《宇宙旅行》杂志了。

1960 年 8 月

阅读思辨

阅读笔记

1. 在作者的设想中，当几亿人都想要旅行时，需要怎样操作？

2. 作者设想的原子飞船有什么优势？

蜜蜂的故事

阅读提示

> 蜜蜂的群体生活组织严密，分工明确：有领导者蜂王，有负责交配的雄峰，有真正的劳动者工蜂。勤劳是蜜蜂的代名词，它们是采蜜的小技师，是传授花粉的能手，也是灵巧的建筑师。

蜜蜂爱劳动，是我们学习的榜样。

在蜜蜂的社会里，没有不劳而食的，如果蜂群的成员失去劳动能力，不能参加生产，对于蜜蜂的集体生活不产生任何积极作用，都要被驱逐出境。

点拨

蜜蜂的世界没有不劳而获，何况人类！

蜜蜂过的是集体生活，它们的组织非常严密，有蜂王，这是母蜂，是蜂群的领导者。它管理着群蜂，大大小小的蜂儿都是它的子子孙孙。有雄蜂，它们的任务是和母蜂交配，不做任何其他事情。有工蜂，它们是蜂群中真正的劳动者，担任着蜂巢内外一切保卫和建设工作，从制造蜂粮到饲喂幼蜂，从保护蜂巢到清理蜂房，从采撷花蜜和花粉到采水和扇风，从酿蜜、制蜡到保持蜂房的气温，一年四季都在紧张地劳动。

蜜蜂是采蜜的小技师。在夏季主要的采蜜期，从黎明到黄昏，它们的工作非常繁忙，一刻也不休息。从蜂巢到花丛，又从花丛到蜂巢，飞来飞去，匆匆忙忙，不知道有多少万次。它们访问了所有芬芳的花朵，每一瓣花蕊都留下它们的足迹。

蜜蜂是传授花粉的能手。它们是农民的好朋友，它们把花粉敷在后腿上，到处传播，使果树结果，使农作物的产量提高。

蜜蜂是最灵巧的建筑师，到春暖花开的时候，它们就开始营造新巢。它们的建筑都符合几何学、建筑学的规则。蜜蜂在采蜜时，如果遇到丰富的食料，它们就会在飞行中做出种种舞姿，向它们的伙伴发出信号：朝什么方向飞，在什么地方，有多长距离，有什么花朵。

蜜蜂的生活和工作，对于人类大有益处。它们酿造的蜜，富有营养价值，它们的蜡，许多工业品都要用到它，就连它们身上的毒刺，也能治疗疾病，使人延年益寿呢！

1960 年 10 月

点拨 📖

小小蜜蜂蕴藏大大能量，他们默默无闻，辛劳一生，不仅谙熟几何学、建筑学知识，而且能帮助人类提高农作物产量。它们酿造的蜂蜜是人类喜爱的美食！

 阅读思辨

❓1.蜜蜂是一个分工明确、组织严密的团体，请简述蜜蜂内部的分工情况。

❓2.请举例说说蜜蜂的本领有哪些。

庄稼的朋友和敌人

阅读提示

氮、磷、钾是庄稼的好兄弟，要想粮食高产，必须源源不断地补充这三种元素；此外，钙、硫、镁、铁、硅也是庄稼的朋友，它们的存在对于庄稼的成长来说是必不可少的；硼、铜、锌和锰几位朋友因为在植物中含量少，常常被人忽视。

庄稼有许多朋友和敌人。

庄稼的朋友大多数都是化学王国的公民，有的出身于元素的大家庭；有的来自化合物的队伍，它们都是植物的生命建设者和保卫者。

<u>这些朋友以氮、磷、钾三兄弟最受欢迎。这三兄弟就是肥料中的三宝，庄稼不能离开它们而生存，就和不能离开水和二氧化碳一样。</u>

没有氮，就没有蛋白质；没有蛋白质，就没有生命。如果土壤中的氮素不够，植物的茎秆就会变得矮小微弱，叶子发黄，果实减少。

没有磷，细胞核就停止工作，细胞就不能繁殖。

没有钾，光合作用就不能顺利进行，对于病虫害的抵抗力也会减弱。

所以要提高农作物的收获量，这三种元素必须源源不断地加以补充。

除了这三种元素，参加植物营养供应的还有钙、硫、镁、铁、硅五位朋友。这五位朋友的需要量对于植物来说虽然不大，在一般土壤里都能找到，但它们的存在也是不可缺少的。

缺少钙，根部和叶子就不能正常发育；

缺少硫，蛋白质的构造就不能完成；

点拨

把氮、磷、钾称为"肥料中的三宝"，可见这三种元素对庄稼的作用非比寻常。

缺少镁和铁，叶绿素就要破产；

缺少硅，庄稼就不能长得壮实。

参加植物生命活动的化学元素，还有硼、铜、锌和锰这几位朋友，因为它们在植物中的含量极其微小，常被认为是杂质而不加重视，现在我们知道，这些元素朋友也是庄稼所需要的。

有了硼，庄稼就能抵抗细菌的侵袭而不会生病。大麻、亚麻、甜菜、棉花等作物尤其需要它。

有了铜，也可以使植物不生病；铜元素又是细胞内氧化过程的催化剂。有了它，大麦、小麦、燕麦、甜菜和大麻的产量就会提高。

有了锌，植物的叶子就不会发生大理石状斑纹的毛病。

有了锰，就会使土壤更加肥沃。有很多农作物如小麦、稻子、燕麦、大麦、豌豆和苜蓿草等都需要它。

庄稼的敌人给植物的生命以严重的威胁，给农业生产带来了莫大的灾害和损失。

第一批敌人是杂草。杂草是植物界的殖民主义者，它侵占庄稼的土地，掠夺走养料和水分，并且给农作物的收割造成巨大的困难。

庄稼在它的生命旅途中，要和 60 种以上的杂草进行斗争。这时候从化合物的队伍里来了一位庄稼的朋友，叫作"生长刺激剂"，是一种化学药剂，能抑制各种阔叶杂草的生长，每 15 亩土地只需要二三斤，就能把杂草的地上部分以及深达地下 1/3 米的根部都毒死了，而对于农作物却毫无害处。这种化学药剂，又叫作"植物生长调节剂"，由于它是一种复杂的有机酸，用它可以防止苹果树的苹果早期脱落，又可以使番茄、茄子、黄瓜、梨和西瓜之类的植物结出无子的果实。

第二批敌人是啮齿类动物，包括黄鼠、田鼠和家鼠，它们都是谷物的侵略者。估计一只家鼠和它所繁殖的后代，1 年内能够吃掉 100 公斤以上的粮食。在这里，从化合物队伍里又来了一位朋友，叫磷化锌，是一种有毒的化学药剂，把它和点心混合在一起，老鼠吃了就会毙命。

第三批敌人就是害虫和病菌，也包括病毒在内。对于农业危害极大的亚洲蝗虫、甜菜的象鼻虫、黑穗病的病菌以及烟草花叶病的病毒等，都是著名的例子。

农业害虫估计共有6000种以上，每年都给粮食作物和经济作物的收成以极大的打击，亏得从化学阵营里又赶来一大批支援农业的队伍，帮助农作物战胜病虫害。例如，有一种含砷的化学药剂叫作亚砷酸钙，它不但可以防治农作物的害虫，也可以用来防治果树的害虫。

还有许多种含铜、含硫和含汞等类的化学药剂，都有杀虫灭菌之功。

此外，以虫治虫、以菌治虫的办法普及以来，庄稼丰收更有了保证。

庄稼有了化学和生物的朋友，就不怕生物界敌人的进攻了。

人们认清了庄稼的朋友和敌人，掌握了它们变化、发展的规律，就能发挥更大的作用，为农业生产服务。

1961年1月

凡事都有规律可循，我们在日常生活中只要找到事物发展的规律，就可以因地制宜、因时制宜，达到事半功倍的效果。

阅读思辨

1.请简要介绍一下庄稼的敌人有哪些。

2.如果庄稼离开氮、磷、钾会有什么危害？请简要说明。

大海的宝藏

阅读提示

　　大海蕴藏着无限资源，我国海域面积广大，因此海域宝藏亟须引起我们的重视。海洋是风云诞生的地方，可以调节地球大气的气温；海洋是各种元素的归宿处，可以为人类提供生产所需的稀有物质；海洋是生命的摇篮，它可以提供生命所需的各种养料；海洋是动力的故乡，可以为我们提供各种动力资源。

阅读笔记

　　滨海的居民，对于海是熟悉的，人们一见大海，就会觉得海阔天空，一望无际，为之心旷神怡。大海有许多显著的特点，蕴藏着无限的资源，对大陆上的自然条件、人类生活和工农业生产，都具有密切的关系和深远的影响。我国东南二面临海，连海岛在内，全部海岸线长达 23 365 公里！大海的宝藏是亟须引起我们注意和研究的课题。

风云的诞生地

　　大海是风和云的诞生地。北方的寒流和南方的热浪，经常在它的上空进行搏斗，这就是风的成因；白天它受到阳光的亲吻，把水分蒸发到空中去，遇冷而凝结，这就是云的来历。这样一年四季大海担负着调节气候的工作：它缓和了大陆气候的急剧变化，它调整了地球大气的温度，使人类和动植物得到有利于他们生活的自然条件。

元素的归宿处

点拨

"至少""约"
"一半以上"这几
个词体现了说明
文语言的严谨性，
直观地表明海洋
元素丰富，是人
类宝贵的财富。

大海是地球上各种元素的归宿处。科学家分析海水的结果告诉我们：海水里至少含有 58 种元素，约占地球所有元素的一半以上。这些元素有一部分是随着河流不远千里万里而来的。它们有的以无机盐的身份散居在水里；有的逐渐下降成为海底沉积物，如石灰质和硅酸盐类。在沉积物的下面，海底还蕴藏着多种多样的矿产资源，如石油和天然气等。有人估计，世界上的石油，约有一半埋藏在海底，这是一种极其丰富的自然宝藏，它的开发将给人类生活和生产带来巨大的福利和好处。

大家知道，人们可以从海水里取得日常生活所需要的食盐。除了食盐，还可以取得各种各样的化工原料、农业肥料、建筑材料和冶金工业用的耐火材料以及锰、镁、钠、钾、钙等各种金属和尖端技术所需的各种稀有的贵重物质，如铀、钍、锂、锶、重水❶、重氢❷等。

生命的摇篮

点拨

大海是众多
生物的母亲，以
博大的胸怀、包
容的姿态养育了
无数的生命。

大海是生命的摇篮。它包含着生命所需要的各种营养物质，又有着为生命所必需的生活条件，因此，几乎从每一滴海水里都能找到生物。这些生物，有的漂浮在水面，有的栖息在海底，有的游泳在水中。和陆地比较，海洋中植物种类较少，而动物种类较多。以鱼类为首的脊椎动物和其他动物界代表，如虾、蟹、贝、墨鱼、海星、海蜇、海绵等以及著名的藻类植物海带等，都是以海为家，在海里生息不已。这些形形色色的生物，除了供应人类的食品，还可以制成各种药品、工艺品、装饰品、香料、饲料和肥料。

---

❶ 重水：重氢和氧的化合物，无色、无臭、无味的液体，核工业中用作减速剂，也是制取重氢的原料。

❷ 重氢：氢的同位素之一，也叫氘。

动力的故乡

　　大海是动力的故乡。海洋的水处在永恒的运动中，海浪的冲击，潮汐的涨落，强大的风力，海面和海底间的温差，都可以转变为电能；海水里的重氢和钍、铀等物质，海底的石油和天然气也都是非常重要的动力资源。

　　此外，人们还利用海水的浮力和海水变为淡水的新技术，来解决航运问题和用水问题，使海洋更好地为人民服务。

　　陆地的开发，虽久已领先，海洋的开发不免有落后之感，未来可做的事情还多着呢！

1962 年 10 月

点拨

　　大海孕育着生命，也守护着生命，为人类提供资源的同时，也为我们源源不断地供给动力。

大力宣传戒烟

![阅读提示]

　　宣传戒烟风行全球，为什么烟能成为世界抨击的对象呢？烟中含有尼古丁，尼古丁可以通过血液被人体吸收，从而诱发种种疾病，如肺癌、动脉硬化症、心脏病、气管炎等。所以戒烟行动迫在眉睫。

　　吸烟可能是世界上损害健康的一个最大的原因，估计得保守一点，每年至少有 100 万男女死于吸烟。

　　烟，几乎成了世界抨击的对象，戒烟宣传风行全球。烟危害之烈，是由于烟中的尼古丁被血液吸收而引起的。

　　尼古丁进入血液之后，人就会发生种种疾病，如肺癌、动脉硬化症、心脏病、气管炎等。尼古丁对身体的毒性作用是很大的。

　　烟中的尼古丁能够溶解在酒精里，所以边饮酒边吸烟的人，尼古丁就会很快地进入血液。

　　吸入人体的尼古丁是在肝脏解毒的，而酒精却直接破坏肝脏的解毒功能。

　　过滤嘴烟实际上只是一种减毒纸烟。吸过滤嘴烟，可使吸烟人受害小些、慢些，但并非无害。

　　过滤嘴虽能滤过一部分毒素，但是过滤嘴会使烟燃烧不充分。吸过滤嘴烟的人血液中一氧化碳含量比吸普通烟者要高 20%。因此，加过滤嘴并没有解决根本问题。

　　大量的资料充分说明，吸烟不仅有害自己，而且烟雾弥漫，影响周

点拨

　　直接揭露烟酒危害性，给"瘾君子"敲响了警钟。

点拨

　　用 20% 这一数字，直观具体展示过滤烟嘴并不能从根本上排除烟对人体的危害，过滤烟嘴治标不治本。

围不吸烟的人。更为严重的，妇女吸烟还危害胎儿正常的生长发育和影响儿童身心的健康。

那么，怎样才能有效地戒烟呢？

主要应当依靠吸烟者的决心和毅力。有的人指出，服用小苏打有助于戒烟，还有各种戒烟糖和药方。总之，戒烟是有办法的，也是能够戒掉的。

我希望广大的医务工作者都要像今天的医学专家们一样，身体力行，在本地区内采取各种不同形式，大力宣传吸烟害处，积极创作这方面的科普作品。同时，我们的医务工作者，更要身教重于言教，在宣传吸烟有害与戒烟中，起模范带头作用。同志们，让我们共同努力，摒弃吸烟这个不良嗜好，身体健康、精力充沛地为实现四个现代化做出贡献，为祖国增光添彩，为民族扬眉吐气吧！

1980 年 6 月

阅读笔记

1.尼古丁进入人体后，会产生哪些危害？

2.过滤烟嘴能从根本上杜绝烟对人体的危害吗？

笑

　　随着现代医学的发展，我们对于笑的认识更加深刻了。

　　笑，是心情愉快的表现，对于健康是有益的。笑，是一种复杂的神经反射作用，当外界的一种笑料变成信号，通过感官传入大脑皮层，大脑皮层接到信号，就会立刻指挥肌肉或一部分肌肉动作起来。

　　小则嫣然一笑，笑容可掬，这不过是一种轻微的肌肉动作。一般的微笑就是这样。

　　大则是爽朗的笑、放声的笑，不仅脸部肌肉动作，就是发声器官也动作起来。捧腹大笑，手舞足蹈，甚至全身肌肉、骨骼都动员起来了。

　　笑在胸腔，能扩张胸肌，肺部加强了运动，使人呼吸正常。

　　笑在肚子里，腹肌收缩了而又张开，及时产生胃液，帮助消化，增进食欲，促进人体的新陈代谢。

　　笑在心脏，血管的肌肉加强了运动，使血液循环加强，淋巴循环加快，使人面色红润，神采奕奕。

　　笑在全身，全身肌肉都动作起来。兴奋之余，使人睡眠充足，精神饱满。

　　笑，也是一种运动，不断地变化发展。笑的声音有大有小；有远有近；有高有低；有粗有细；有速有慢；有真有假；有聪明的，有笨拙的；有柔和的，有粗暴的；有爽朗的，有娇嫩的；有现实的，有浪漫的；有

点拨

　　笑是一门哲学，不同的笑传递不同的信号，我们要学会透过现象看本质，抓住笑的实质。

冷笑，有热情的笑。如此等等，不一而足，这是笑的辩证法。

笑有笑的哲学。

笑的本质，是精神愉快。

笑的现象，是让笑容、笑声伴随着你的生活。

笑的形式，多种多样，千姿百态，无时不有，无处不有。

笑的内容，丰富多彩，包括人的一生。

笑话、笑料的题材，比比皆是，可以汇编成专集。

笑有笑的医学。笑能治病。神经衰弱的人要多笑。

笑可以消除肌肉过分紧张的状况，防止疼痛。

笑也有一个限度，适可而止，有高血压和患有心肌梗死的病人，不宜大笑。

笑有笑的心理学。各行各业的人，对于笑都有他们自己的看法，都有他们的心理特点。售货员对顾客一笑，这笑是有礼貌的笑，使顾客感到温暖。

笑有笑的政治学。做政治思想工作的人，非有笑容不可，不能板着面孔。

笑有笑的教育学。孔子说："学而时习之，不亦说乎！"这是孔子勉励他的门生们要勤奋学习。读书是一件快乐的事。我们在学校里，常常听到读书声，夹着笑声。

笑有笑的艺术。演员的笑，笑得那样惬意，那样开心，所以，人们在看喜剧、滑稽戏和马戏等表演时，剧场里总是笑声不断。笑有笑的文学，相声就是笑的文学。

笑有笑的诗歌。在春节期间，《人民日报》发表了有笑的诗。其内容是："当你撕下 1981 年的第一张日历，你笑了，笑了，笑得这样甜蜜，是坚信：青春的树越长越葱茏？是祝愿：生命的花愈开愈艳丽？啊！在祖国新年建设的宏图中，你的笑一定是浓浓的春色一笔……"

笑，你是嘴边一朵花，在颈上花苑里开放。

你是脸上一朵云，在眉宇双目间飞翔。

你是美的姐妹，艺术家的娇儿。

你是爱的伴侣，生活有了爱情，你笑得更甜。

点拨

凡事都要做到张弛有度，笑虽然是快乐的传递器，但也要依个人身体状况笑，学会适可而止。

点拨

笑的艺术性体现在方方面面，文学、艺术、诗歌都可以成为笑的载体。

笑，你是治病的良方，健康的朋友。

你是一种动力，推动工作与生产前进。

笑是一种个人的创造，也是一种集体生活感情融洽的表现。

笑是一件大好事，笑是建设社会主义精神文明的一个方面。

让全人类都有笑意、笑容和笑声，把悲惨的世界变成欢乐的海洋。

1981 年 4 月

阅读思辨

1. 笑是一种有益肌肉的运动，笑在不同部位有不同的作用，试着结合文章内容进行说明。

2. 笑的表现形式有哪些？请举例说明。

日积月累

❶ 笑的本质，是精神愉快。

❷ 笑，你是嘴边一朵花，在颈上花苑里开放。

痰

阅读提示

痰是疾病的罪魁。从宏观上来看，痰是一团黏液；从微观上看，痰是细菌、病毒、细胞、白血球、红血球、盐花、灰尘和食物残渣的结合体。痰的来源有很多，如感冒、伤风、着凉等。人类要想战胜痰，就需要服用中药或者西药去痰，此外，吸痰器也是很好的去痰武器。不过，治不如防，防患于未然，才能事半功倍。

请看历史的一幕："清康熙六十一年，帝到畅春园……病症复重……御医轮流诊治服药全然无效，反加气喘痰涌……翌日晨……痰又上涌格外喘急……竟两眼一翻，归天去了。"

我这篇科学小品就从这里开始。

痰是疾病的罪魁，痰是死亡的魔手，痰是生命的凶敌。痰使肺停止了呼吸，痰使心脏停止了跳动，多少病人被痰夺去了生命。

人们常说："人死一口痰。"实际上不是一口，而是痰堵塞了肺泡、气管，使人缺氧、窒息，翻上来、吐不出的却只是那一口痰。

从宏观来看，痰的外貌是一团黏液。从微观来看，痰里有细菌、病毒、细胞、白血球、红血球、盐花、灰尘和食物的残渣。痰就是这些分子的结合体。

感冒、伤风、着凉是生痰之母，是生痰的原因。

气管炎、肺气肿、肺心病是痰的儿女，是生痰的结果。

点拨

运用排比手法，说明痰是罪魁、魔手、凶敌，生动地诠释了痰的可怕，说明其对人类生命的巨大威胁。

咳嗽是痰的亲密伙伴，喷嚏是痰的急先锋，而哼哼则是痰的交响乐。

有了痰就会产生炎症，有了痰就会体温升高，这就导致急性发作或慢性迁延。

有了痰后应该积极进行治疗。自然首先是要服药，服中药中的化痰药：去痰合剂、蛇胆陈皮末、竹沥和秋梨膏。服西药中的化痰药：氯化铵、利嗽平，包括消除炎症的土霉素、四环素、复方新诺明等药。一旦服药无效，情况严重，还要输液打针。常用的就是：青链霉素、庆大霉素、卡那霉素，必要时还要动用先锋霉素，当然，这要视是哪一种病菌在作怪而定。

然而，治莫过防。防患于未然，则事半功倍。怎样做到事先预防呢？第一，要预防感冒，小心不要着凉。传染病流行季节，不要到大庭广众中去。天气变凉时，要勤添衣服注意保暖。第二，一定要把痰吐在痰盂或手帕里。这一社会公德是为了避免病菌在广阔的空间漫游，产生更多进入人体的机会。不吸烟的人，不要去沾染恶癖。吸烟的人，一定要戒掉这生痰之"火"，否则，当你的生命进入中老年时期，就会陷入"喘喘"不可终日之中。

吸痰器也是人类和痰作战的有力武器。服药化痰固然是好，但光化不吸也是枉然。吸痰器的功能，就是要把痰从肺泡和气管中抽出来。自从有了吸痰器之后，老年人就不再愁患痰堵之苦。在有条件的情况下，甚至出外旅行也可以带着它走。

我希望在城市的每一条街道，在农村的每一个生产队，都备有这种武器，这是老年人的福音，它可以挽救多少条生命——使这些人在晚年的岁月中，为四化建设贡献自己毕生积累的宝贵经验和思想财富。

1982 年 2 月

阅读思辨

1.老话常说"人死一口痰"，只是一口吗？请简要说明。

2.痰由哪些成分构成？请加以说明。

梦幻小说

梦是记忆的宠儿，梦境建立在记忆基础之上。五脏知梦，身体器官能感知、采集梦的信息，梦有时也是一种先兆，能提前感知病变，如高血压、冠心病等。此外，梦可以跨越时空的局限，带我们会见友人、游览山河、与家人团聚。

梦是生活中的一部分，人人都有梦，人人都在做梦，梦的资料浩瀚如烟海。想想看，全世界有多少人？大约有40亿人吧。这么多的人，每天夜里都做梦，该有多少梦的故事呀！全部世界史，有多少人？大约总有几万兆人吧。这真像头发丝一样，像夜空的繁星一样，数也数不清。这么多的人，他们的一生几乎每夜都有梦，该有多少梦的史诗呀！这样多的梦，简直要用电子计算机来计算。

梦和幻想是一家，它们的祖宅在大脑皮层。

在大脑皮层，那儿有数不清的神经细胞，都是梦的住所，传达梦的信息，演出梦的传奇。在梦的大家庭里，有记忆、回忆、思想、想象、幻想和虚构。梦首先是记忆的宠儿，没有记忆，就没有梦的存在。即使虚构的梦，也有记忆的基础。

人体器官是梦的办公室，视觉、听觉、嗅觉、触觉和味觉等感官，都是梦的会客室。

梦能看见东西，梦能辨别各种颜色，梦能听见声音，梦能嗅到花香，梦能辨别各种香味。

梦能辨别味道（皮肤也是很敏感的，尤其是手上的皮肤，粗或细、厚或薄、大或小、高或矮，都能摸得出来）。有时睡眠中闻到食物的香味，便会做起赴宴的美梦。

五脏知梦。肺是梦的窗户，煤气中毒，梦也有预感。胃肠是梦的灶披间，胃肠出了乱子，细菌盗匪窜进灶披间，肚子泻的事就发生了。梦有先兆。心脏像大海，血液如流水，高血压、冠心病，梦都能探听出来。

最近，我看了《参考消息》上一篇关于苏联的报道。苏联一医学博士卡萨特金，积累了 23 700 个梦的资料，经过分析得出结论：睡眠中的人的大脑，能够预知正在酝酿的某种病变，而那种疾病往往在几天、几个星期、几个月，甚至几年以后显示其外部症候。做梦能在某种疾病的外部症候尚不明显的时候，就预先告诉人们这种正在酝酿着的病变，而及早发现疾病，防患于未然。

视觉神经，对于来自人体内部的微弱刺激也很灵敏。任何一个器官或组织的功能失调，它就发出信号，传达到睡眠中的大脑皮层，视觉神经中枢就把这种信息变成形象，引起梦幻。一般地说，这种刺激往往会幻化成某种我们平时非常熟悉的事物。

卡萨特金的理论应用范围很广，它不仅可以用作门诊大夫的一个重要参考，而且在刑事案件的审理方面也得到了应用，取得了良好的结果。

梦有时是短暂的，有时是连续的；有时一瞬即逝，有时是长期的。短暂的梦，只梦一人一事一物，如梦见你的爱人、朋友、长辈；如梦读书、写作、结婚；如梦你的玩具、你的红领巾、你的珍贵的礼品。

连续的梦，今天做了这个梦，明天又重演一番；今天做这个梦，隔了几年又接着做；今天梦见这个人，明天又梦见到他。

有的梦是长期的、漫长的，有故事情节。这种梦就是我拟议中的梦幻小说。

在梦中，我能和已去世的人在一起；在梦中，我能和死者、幸存者在一起；在梦中，我能和久别的亲友在一起；在梦中，我能和遥远的朋友在一起；在梦中，我曾和毛主席、周总理、朱德总司令握手；在梦中，我愉快地和祖父母、父母、姊妹、弟弟团聚。这是梦不可多得的收获。梦是永恒的。

梦中有回忆，回忆中有梦，梦是有深刻的思想和浓厚的感情的，梦是有丰富的想象力的，梦是有无限的幻想能力的。

梦追忆过去，梦着眼现在，梦憧憬未来。

梦把我带到全世界各个角落去，从白人的国家到黑人的国家，从黄人的国家到红人的国家，环绕地球一周。梦使我飞上太空、深入地底、遨游海洋，多少街道、多少房屋、多少商店、多少城市和乡村，都曾在我梦中出现，我留恋它们，我怀念它们。我现在每天都在记日记，我的日记里都记载着我每夜所做的梦。我的日记里有梦，梦里也有日记。有的梦记不清了，有的梦忘记了，忘个精光；睡时做梦，醒时忘。日记就是梦的备忘录。

婴儿第一次做梦，就是梦要小便，结果尿炕了。幼儿的梦，梦玩具游戏。儿童的梦，梦临红画画。青春的梦，梦结婚。少女的梦，梦爱情。战士的梦，梦冲锋陷阵。工人的梦，梦机器。农民的梦，梦丰收的喜悦。科学家的梦，梦创造发明。文学家的梦，梦写作成功。诗人的梦，梦写了一首得意的诗作。音乐家的梦，梦知音。美术家的梦，梦作品展出。

在舞台上，在银幕上，在电视屏里，都有梦的插曲。

梦有政治的梦，如梦见国家领导人；梦有教育的梦，如梦见学校生活；梦有军事的梦，如梦见战争的情景；梦有经济的梦，如梦见商品交易所；梦有国际的梦，如梦见出国考察。

短的梦，像短篇科幻小说；长的梦，像长篇科幻小说。梦的结果，有时是正面的，醒时精神抖擞；有时是反面的，丧事变成了喜事，凶就是吉。

梦啊！你属于我，我也属于你；我不能离开你。人不能一日无梦，建设精神文明需要你。你是我们的理想与希望的源泉。

不是吗？人类曾做过多少希望的梦，梦"上九天揽月"，梦"下五洋捉鳖"。而今的运载火箭，登月飞船所行历程，人类所开发的水底资源，不都曾是"科幻小说"的题材吗？

人类幻想去外星旅行。目前，各国正进行 UFO 的探索；还记载过有"外星密码"的来电，等等，诸如此类。这不再是什么"梦幻"，而是不太遥远的明天了！

日有所思，夜有所梦。梦是第二精神，梦是社会科学中的一门学科，叫作"梦学"。梦是一种精神运动，不能离开物质、时间和空间。

人类历史上，有许多可歌可泣的梦。例如，莎士比亚的喜剧《仲夏夜之梦》；例如，《左传》里，梦二竖（两个童子）而病入膏肓；例如，《三国志》中，诸葛亮的一首诗"大梦谁先觉，平生我自知"；例如，《水浒传》中，石碑上 108 条好汉，也是从梦中得来的；例如，《红楼梦》中贾宝玉梦游太虚幻境。此外，还有榴花梦、桃花梦等，诸如此类，不胜枚举，恕我不多唠叨了。

1982 年 4 月

点拨

不同年龄阶会有不同的梦境，说明梦是生活的映射。

点拨

由生理上的梦，延伸到梦想，以及对未来的期待，拓宽、升华了主题。

读后任务四

1. 阅读选文，回答问题。

土壤是大实验室、大工厂、大战场。在这儿，经常不断地进行着物理、化学和生物学的变化；在这儿，昼夜不息地进行着破坏和建设两大工程；在这儿，也进行着生和死的搏斗、生物和非生物的大混战，情况非常热烈而紧张。

在参加作战的行列中，有矿物部队，如各种无机盐；有植物部队，如枯草和落叶，以及各种植物的根；有动物部队，如蚂蚁、蚯蚓和各种昆虫以及腐烂的尸体；有微生物部队，如原虫、藻类、真菌、放线菌和鼎鼎大名的细菌等。此外，还有水的部队和空气部队。所以有人说："土壤是死自然和活自然的统一体。"这句话说得真不错。

（1）选文主要运用了_____的说明方法，形象生动地介绍了土壤的构成和形成过程。

（2）选文中提到"土壤是死自然和活自然的统一体"，你说怎样理解这句话的意思的呢？

2. 阅读选文，回答问题。

除了这些外来的因素对于人体发生直接的影响，人坐着火箭船上升的时候，还必须解决呼吸和饮食两个问题。

人一刻也不能离开呼吸而生存，所以在火箭船的密闭船舱里，就必须备有供给氧气的装置，利用压缩氧就能保证人体源源不断地得到氧的供应。

人体还不断地排出二氧化碳和水蒸气，（　　）它们没有适当的出路，（　　）会在密闭的船舱内越聚越多，万一二氧化碳在空气里的含量超过20%，人就会因窒息而死。该怎么办呢？为了防止这个事故，化学家发明了一种石棉的化合物，能够吸收大量的二氧化碳和水蒸气；生物学家正在研究一种更好的办法，这就是利用植物的光合作用，既能吸收二氧化碳又能放出氧气，这种植物就是单细胞藻类。

这种藻类有很高的营养价值，蛋白质和维生素都非常丰富，还可以制成粉末，充当星际旅行家的食粮。真是一举数得。

（1）在选文的括号中填入恰当的关联词语，这个关联词是表示_____关系（因果　假设　转折）。

（2）选文中提到乘坐火箭船时涉及的呼吸和饮食问题，请结合相关描述概括是如何解决的。

3. 归纳与分享。

本书用语通俗易懂，将深奥的科学知识讲得形象生动，语言诙谐幽默，将科学性与趣味性相结合，引人入胜。课外，你读过哪些优秀的科普作品呢？请你选择一本和大家分享一下吧。

1.（1）打比方　（2）土壤是矿物、植物、动物、微生物，以及水和空气相互作用形成的，是自然界中有生命和没有生命事物的集合体，因此作者这么说。

2.（1）如果　就　假设

（2）呼吸问题：利用石棉化合物和单细胞藻类来吸收二氧化碳并放出氧气。

饮食问题：将单细胞藻类制成粉末，营养丰富，且便于携带，可作为星际旅行家的食粮。

3. 略。